Rose selvatiche siciliane

Giancarlo Fascella •
Michele Massimo Mammano •
Adele Salamone • Carlo Greco

Rose selvatiche siciliane

Caratteristiche biomorfologiche e
fitochimiche, propagazione, coltivazione
innovativa ed ecosostenibile, utilizzi e
potenziali applicazioni

Giancarlo Fascella
Research Centre for Plant Protection and Certification
CREA
Palermo, Italy

Adele Salamone
Research Centre for Plant Protection and Certification
CREA
Palermo, Italy

Michele Massimo Mammano
Research Centre for Plant Protection and Certification
CREA
Palermo, Italy

Carlo Greco
Dip. SAAF
Università di Palermo
Palermo, Italy

ISBN 978-3-031-91738-7 ISBN 978-3-031-91739-4 (eBook)
https://doi.org/10.1007/978-3-031-91739-4

© The Editor(s) (if applicable) and The Author(s), under exclusive license to Springer Nature Switzerland AG 2025

This work is subject to copyright. All rights are solely and exclusively licensed by the Publisher, whether the whole or part of the material is concerned, specifically the rights of translation, reprinting, reuse of illustrations, recitation, broadcasting, reproduction on microfilms or in any other physical way, and transmission or information storage and retrieval, electronic adaptation, computer software, or by similar or dissimilar methodology now known or hereafter developed.
The use of general descriptive names, registered names, trademarks, service marks, etc. in this publication does not imply, even in the absence of a specific statement, that such names are exempt from the relevant protective laws and regulations and therefore free for general use.
The publisher, the authors and the editors are safe to assume that the advice and information in this book are believed to be true and accurate at the date of publication. Neither the publisher nor the authors or the editors give a warranty, expressed or implied, with respect to the material contained herein or for any errors or omissions that may have been made. The publisher remains neutral with regard to jurisdictional claims in published maps and institutional affiliations.

This Springer imprint is published by the registered company Springer Nature Switzerland AG
The registered company address is: Gewerbestrasse 11, 6330 Cham, Switzerland

If disposing of this product, please recycle the paper.

Indice

1 Introduzione 1
   1.1 Il genere Rosa 2
   Riferimenti bibliografici 3

2 Rose spontanee in Sicilia 5
   2.1 Raccolta di materiale vegetale 6
   2.2 Caratteristiche morfologiche delle rose selvatiche siciliane 7
      2.2.1 *Rosa canina* L. 7
      2.2.2 *Rosa corymbifera* Borkh 8
      2.2.3 *Rosa micrantha* Borrer ex Sm 10
      2.2.4 *Rosa sempervirens* L. 11
      2.2.5 Confronto delle caratteristiche morfologiche delle rose selvatiche siciliane 13
   Riferimenti bibliografici 14

3 Propagazione di rose selvatiche siciliane 17
   3.1 Propagazione per talea (vegetativa) 17
   3.2 Moltiplicazione da seme (gamica) 19
   3.3 Propagazione *in vitro* (micropropagazione) 21
      3.3.1 Sterilizzazione degli espianti 22
      3.3.2 Introduzione *in vitro* e stabilizzazione degli espianti 23
      3.3.3 Moltiplicazione *in vitro* dei germogli 24
      3.3.4 Radicazione *in vitro* e acclimatamento 25
   Riferimenti bibliografici 26

4 Coltivazione con tecniche agronomiche ecosostenibili 27
   4.1 Coltivazione fuori suolo di rose selvatiche siciliane 27
      4.1.1 Trapianto 27
      4.1.2 Substrati di coltivazione 28
      4.1.3 Condizioni ambientali di crescita (luce, temperatura e umidità) 33

		4.1.4	Irrigazione	34
		4.1.5	Fertilizzazione	37
		4.1.6	Crescita delle piante e qualità	38
		4.1.7	Raccolta di cinorrodi	39
	4.2	Principali fitopatie e difesa della coltura		41
		4.2.1	Afide della rosa (*Macrosiphum rosae*)	41
		4.2.2	Tripide della rosa (*Frankliniella occidentalis*)	41
		4.2.3	Oidio della rosa (*Sphaeroteca pannosa*, var. rosae)	42
		4.2.4	Ticchiolatura della rosa (*Diplocarpon rosae*)	42
		4.2.5	Ragnetto rosso (*Tetranychus urticae*)	43
	4.3	Tolleranza ai principali stress abiotici tipici delle aree Mediterranee		44
		4.3.1	Stress idrico	44
		4.3.2	Stress salino	48
	Riferimenti bibliografici			48
5	**Caratterizzazione biochimica**			51
	5.1	Caratterizzazione fitochimica dei cinorrodi		51
		5.1.1	Contenuto in antociani	52
		5.1.2	Acido ascorbico (vitamina C)	53
		5.1.3	Carotenoidi	53
		5.1.4	Polifenoli	54
		5.1.5	Attività antiossidante	54
	5.2	Caratterizzazione fitochimica delle foglie		55
		5.2.1	Pigmenti (clorofille, carotenoidi e antociani)	55
		5.2.2	Polifenoli	56
		5.2.3	Flavonoidi	57
		5.2.4	Attività antiossidante (antiradicale)	57
	Riferimenti bibliografici			58
6	**Utilizzo di parti di pianta per la realizzazione di prodotti**			61
	6.1	La filiera delle rose selvatiche		61
	6.2	Trasformazione dei cinorrodi in prodotti alimentari		63
	6.3	Marmellata di cinorrodi		64
	6.4	Sciroppi		65
	6.5	Liquori con petali		65
	6.6	Biscotti e pasticcini con marmellata o farina di cinorrodi		66
	6.7	Cosmesi		67
	Riferimenti bibliografici			69
7	**Rose: un tesoro nutraceutico**			71
	7.1	Proprietà nutraceutiche delle rose per la produzione di integratori alimentari		71
	Riferimenti bibliografici			74

8 Applicazioni dell'agricoltura di precisione nella coltivazione della Rosa canina 77
   8.1 Introduzione 77
   8.2 Monitoraggio ambientale e gestione dei suoli 78
   8.3 Utilizzo di droni e immagini satellitari 78
   8.4 Gestione integrata delle malattie e dei parassiti 78
   8.5 Ottimizzazione della raccolta 79
   8.6 Conclusione 79
   Riferimenti bibliografici 79

Capitolo 1
Introduzione

Il genere Rosa comprende oltre 200 specie distribuite soprattutto nell'emisfero settentrionale. Per tutti la rosa è il fiore reciso e/o la pianta da giardino per eccellenza, con fiori vivacemente colorati e spesso molto profumati. Molti sanno che con i petali di rosa si producono cosmetici ma non tutti conoscono le proprietà nutraceutiche delle foglie. È altresì noto che con le sue bacche è possibile realizzare prodotti alimentari ma pochi ne conoscono le proprietà medicinali. La maggior parte dei consumatori di prodotti ornamentali e di appassionati di vivaistica e giardinaggio conosce le principali varietà coltivate e la *Rosa canina* (come portinnesto e per la produzione di bacche), ma la stragrande maggioranza degli utenti probabilmente non immagina come molte specie spontanee siano altrettanto importanti da un punto di vista paesaggistico, ornamentale e funzionale.

Le Rose spontanee presenti nell'area meridionale del bacino del Mediterraneo, e in Sicilia in particolare, rappresentano una ricca fonte di biodiversità ancora poco utilizzata (e conosciuta) ma che merita di essere adeguatamente valorizzata. In questa monografia vengono descritte alcune delle specie maggiormente presenti in Sicilia, riportando le principali attività di ricerca svolte e i risultati di maggior interesse realizzati dagli autori, nell'ambito di vari Progetti di ricerca nazionali ed internazionali.

Un capitolo è incentrato sulla distribuzione delle specie studiate a livello regionale, sugli habitat in cui vivono e sulle principali caratteristiche bio-morfologiche. Vengono poi descritti i protocolli di moltiplicazione tradizionali (da seme e da talea) e innovativi (propagazione *in vitro*) delle specie. Nella monografia sono anche riportate le principali tecniche agronomiche per la coltivazione eco-sostenibile delle rose mediterranee, con particolare attenzione all'uso delle risorse non rinnovabili (acqua e suolo) e alla difesa delle piante dai patogeni. Inoltre, vengono riportati gli studi sulla caratterizzazione biochimica delle bacche di rosa (cinorrodi) e delle foglie, ricchissime di composti bioattivi di elevato valore nutraceutico e di interesse in vari settori (alimentare, cosmeutico e farmaceutico). Particolare attenzione viene data anche alla trasformazione e commercializzazione dei prodotti ottenibili da queste colture, con focus sull'ottenimento di conserve alimentari da bacche, liquori a base di petali e prodotti da forno realizzati con l'ausilio di fiori e frutti di rosa.

Viene poi descritto l'ottenimento di un integratore alimentare a base di cinorrodi di *Rosa canina*, le modalità di assunzione del prodotto e le sue proprietà salutistiche. Infine, si riferisce delle potenzialità di applicazione delle tecniche di agricoltura di precisione su una coltivazione di *Rosa canina* in Sicilia.

1.1 Il genere Rosa

Il genere Rosa è uno dei più importanti, tra quelli delle piante ornamentali, da un punto di vista economico e storico-culturale. Questo genere appartiene alla famiglia delle Rosaceae, ordine Rosales, classe Dicotiledoni, e comprende un numero di specie che oscilla fra duecento e duecentocinquanta, distribuite esclusivamente nell'emisfero settentrionale (Olsson e Prentice 2001; Wissemann 2003). La classificazione è, difatti, alquanto problematica a causa della notevole variabilità nei caratteri fenotipici. Le rose vengono raggruppate tassonomicamente in quattro sottogeneri, tre dei quali sono monotipici: Hulthemia, Platyrhodon e Hesperhodos, ed includono solo una o due specie. Il quarto sottogenere, Rosa, comprende circa il 95% di tutte le specie a loro volta distribuite fra 10 e 12 sezioni (Ercisli 2005; Gudin 2000). Le piante hanno portamento cespuglioso, in alcuni casi stolonante o arbustivo, presentano rami legnosi, eretti o sarmentosi, più o meno spinosi con aculei diversi a seconda delle specie. Gli aculei possono essere frammisti a peli ghiandolari (De Cock et al. 2007).

Le foglie sono stipolate, composte da 5, 7, 11 o 13 fogliolie (imparipennate), ovate, lanceolate o ellittiche, lucenti od opache, con margini più o meno seghettati; di colore verde più o meno scuro o glauco nella pagina superiore ed a volte rossastro in quella inferiore, con nervature a rilievo, possono essere decidue o più raramente persistenti (Baroni 1980; Wissemann 2003).

I fiori sono ermafroditi, solitari e riuniti in infiorescenze a corimbo, formati da una corolla dialisepala, con 5 petali nelle forme spontanee ma molto più numerosi in quelle coltivate. Il calice dialisepalo è composto da 5 sepali che, in condizioni climatiche sfavorevoli, possono diventare simili a foglie (Nybom et al. 1997; Facsar 2005).

Il frutto, chiamato cinorrodo (falso frutto), è formato dall'ingrossamento del ricettacolo a coppa e contiene semi (acheni) frammisti a peli; il cinorrodo differisce da una specie all'altra, sia come forma che come colore e costituisce un elemento decorativo e/o produttivo (Güneş e Dölek 2010; Koobaz et al. 2009).

Il genere Rosa è distribuito naturalmente in tre grandi aree geografiche: Nord America, Asia Orientale ed Europa/Asia Occidentale (Gudin 2000; Kurtto et al. 2004). Quest'ultima regione è dominata dalle specie appartenenti alla sezione Caninae (DC.) Ser., il gruppo della *Rosa canina* L., originaria dell'area mediterranea e che viene riprodotta per mezzo del seme vista la sua difficoltà a radicare. Questa specie presenta una notevole resistenza al freddo, viene largamente impiegata nella produzione di portinnesti per la sua elevata affinità d'innesto con la maggior parte delle specie e delle varietà coltivate, nonostante la sua non rifiorenza (Accati

Garibaldi 1993). I suoi cinnorodi, inoltre, sono assai ricchi di vitamine (B, C, E), flavonoidi, carboidrati, tannini e sali minerali per i quali vengono utilizzati sia per la produzione di marmellate, succhi, the (se essiccati) che in farmacologia (Kovacs et al. 2005; Shamsizade e Novruzov 2005).

Riferimenti bibliografici

Accati Garibaldi E (1993) Trattato di floricoltura. Edagricole, Bologna
Baroni E (1980) Guida botanica d'Italia. Cappelli Editore, Bologna
De Cock K, Vandermijnsbrugge K, Quataert P, Breyne P, Van Huylenbroeck J, Van Slycken J, Van Bockstaele E (2007) A morphological study of autochthonous roses (Rosa, Rosaceae) in Flanders. Acta Hortic 751:305–312
Ercisli S (2005) Rose (Rosa spp.) germplasm resources of Turkey. Genet Resour Crop Evol 52(6):787–795
Facsar G (2005) Taxonomic interpretation of the natural diversity of the genus Rosa in the Carpathian basin, Hungary. Acta Hortic 690:35–44
Gudin S (2000) Rose: genetics and breeding. Plant Breed Rev 17:159–189
Güneş M, Dölek Ü (2010) Fruit characteristics of promising native rose hip genotypes grown in Mid-North Anatolia Region of Turkey. J Food Agric Environ 8(2):460–463
Koobaz P, Kermani MJ, Hosseini SZ, Khatamsaz M (2009) Inter- and intraspecific morphological variation of four Iranian rose species. In: Zlesak DC (ed) Roses. Floriculture and Ornamental Biotechnology 3 (Special Issue 1), pp 40–45
Kovacs S, Facsar G, Udvardy L, Tóth M (2005) Phenological, morphological and pomological characteristics of some rose species found in Hungary. Acta Hortic 690:71–76
Kurtto A, Lampinen R, Junka L (eds) (2004) Rosaceae. Atlas Florae Europaeae. Distribution of vascular plants in Europe, vol 13. The Committee for Mapping the Flora of Europe and Societas Biologica Fennica Vanamo, Helsinki, p 320
Nybom H, Carlson-Nilsson U, Werlemark G, Uggla M (1997) Different levels of morphometric variation in three heterogamous dogrose species (Rosa sect.Caninae, Rosaceae). Pl Syst Evol 204(3–4):207–224
Olsson Å, Prentice HC (2001) Morphometry diversity and geographic differentiation in six dogrose taxa (Rosa Sect. Caninae, Rosaceae) from the Nordic countries. Nord J Bot 21(3):225–242
Shamsizade LA, Novruzov EN (2005) Distribution, fruit properties and productivity of Rosa species in Great Caucasus, Azerbaijan. Acta Hortic 690:101–106
Wissemann V (2003) Conventional taxonomy of wild roses. In: Roberts A, Debener T, Gudin S (eds) Encyclopedia of rose science. Academic Press, London, pp 111–122

Capitolo 2
Rose spontanee in Sicilia

Sommario In questo capitolo, vengono descritte le principali specie spontanee presenti in Sicilia, gli studi finora condotti su di esse e le loro caratteristiche biomorfologiche, edafiche ed ecologiche. Viene, inoltre, riportata l'attività condotta negli anni dal CREA DC di Palermo sul reperimento ed il riconoscimento di queste specie autoctone, propedeutica al lavoro di propagazione delle stesse.

Numerose sono le specie spontanee appartenenti al genere Rosa presenti in Sicilia e nel bacino del Mediterraneo (Kurtto et al. 2004; Pignatti 1982). Trattasi spesso di piante rustiche, più o meno vigorose, con diverso portamento (strisciante, rampicante, cespuglio ecc.), a foglia caduca o perenne, con fiori e frutti di diverso colore e dimensione. Anche gli habitat sono differenti: mentre alcune si riscontrano solo in certi ambienti, altre è possibile che siano presenti dal livello del mare sino all'alta collina (Brullo et al. 1995; Giardina et al. 2007). Soltanto una di queste (*Rosa canina* L.) viene sporadicamente utilizzata a fini alimentari per le proprietà nutritive delle bacche, mentre le altre hanno soprattutto un valore ornamentale e paesaggistico in quanto caratterizzano, da un punto di vista ecologico, determinate aree.

Il genere Rosa in Sicilia è, infatti, ancora poco studiato per quanto riguarda gli aspetti ornamentali e funzionali. Sono state finora condotte indagini riguardanti soprattutto l'inquadramento botanico, la presenza in alcuni areali siciliani (Ferrauto et al. 1996; Gianguzzi et al. 1993; Marcenò et al. 1985; Marino et al. 2005) ed i principali caratteri tassonomici (Pignatti 1982).

Ad oggi, limitate sono state le ricerche mirate alla caratterizzazione biomorfologica (Fascella et al. 2015), all'approfondimento delle conoscenze sugli aspetti propagativi (*in vivo* e/o *in vitro*) e moltiplicativi (da seme) (Fascella et al. 2014), come su quelli colturali, eco-fisiologici e biochimici (Fascella et al. 2023; Fascella et al. 2019; D'Angiolillo et al. 2018) delle rose siciliane spontanee.

Questo gruppo di specie e le loro varie accessioni meritano di essere adeguatamente studiate e valorizzate in quanto molteplici possono essere le potenzialità di utilizzo (agronomico, ma anche alimentare, cosmetico e medicinale) delle specie appartenenti al genere Rosa, alla stregua di quanto effettuato all'estero tramite i numerosi studi condotti (Ercisli e Güleryüz 2005; Güneş e Dölek 2010; Tejaswini e Prakash 2005; Uggla e Nybom 1998) sulla caratterizzazione e sulla valorizzazione del germoplasma rosicolo locale.

Basti pensare che, per fini ornamentali, le rose autoctone siciliane potrebbero essere adoperate come portinnesti di specie e varietà coltivate, come piante da vaso fiorito, come essenze da giardino a diverso effetto estetico-decorativo in funzione dell'habitus vegetativo (rampicante, alberello, coprisuolo). L'elevata rusticità di alcuni genotipi potrebbe, inoltre, favorirne l'impiego per il recupero di ambienti marginali e/o degradati attraverso la realizzazione di opere di rinaturazione oppure, considerato il notevole sviluppo dell'apparato radicale di certe accessioni, per il consolidamento delle scarpate nei terreni in pendio. La maggior capacità di allegagione dei frutti in alcune specie potrebbe, infine, agevolare l'utilizzo delle bacche (o cinnorodi), dalle molteplici e già citate proprietà nutraceutiche, in vari settori produttivi come quello degli alimenti funzionali, degli integratori alimentari e dei fitocomplessi (Shamsizade e Novruzov 2005; Uggla e Martinsson 2005).

La coltivazione delle rose selvatiche potrebbe concretamente rappresentare un'importante prospettiva di reddito per diverse realtà imprenditoriali siciliane (aziende agricole e agriturismi). La loro natura di arbusti spontanei di elevato interesse salutistico le rende idonee ad occupare delle nicchie di mercato di qualità abbastanza remunerative come quelle dei piccoli frutti. Ad oggi, a differenza di altre regioni italiane e Paesi stranieri, non esiste un vero e proprio mercato delle rose spontanee in Sicilia, ma l'attività di ricerca e divulgazione di progetti di cooperazione dedicati potrebbe finalmente colmare questo gap e contribuire all'avvio di una reale attività produttiva.

Poiché, infatti, negli ultimi anni si è assistito ad un crescente interesse del consumatore verso il consumo di piccoli frutti ricchi di vitamine e di composti antiossidanti, i risultati di studi e sperimentazioni *ad hoc* potrebbero favorire l'avvio della coltivazione di queste specie spontanee. Si è pertanto ritenuto opportuno avviare, grazie a specifici progetti di ricerca, una caratterizzazione morfologica delle rose autoctone maggiormente presenti in Sicilia in vista di una loro prossima introduzione in coltura.

2.1 Raccolta di materiale vegetale

Sono state effettuate escursioni in tutto il territorio regionale siciliano (province di Palermo, Trapani, Agrigento, Catania e Messina) mirate alla localizzazione di accessioni autoctone appartenenti al genere Rosa, al loro riconoscimento ed al reperimento del materiale vegetale necessario (talee e semi) per avviare le prove di propagazione, sia *in vivo* che *in vitro*.

Il germoplasma rosicolo reperito è stato caratterizzato da un punto di vista biomorfologico, prendendo in considerazione numerosi parametri (habitus vegetativo, forma e dimensione di foglie, fiori e frutti, lunghezza degli internodi, spinosità dei rami, peluria e dentellatura della lamina fogliare, tomentosità del rachide fogliare, presenza di aculei nei cinorrodi e nei peduncoli). Anche i semi contenuti nei frutti sono stati opportunamente contati e pesati.

Sono stati documentati anche gli habitat naturali e le relative associazioni vegetali che le varie specie hanno formato con altre essenze presenti nelle aree di reperimento.

In questo capitolo vengono, pertanto, descritte le quattro specie più rappresentative del territorio siciliano, e tra le più diffuse nel bacino del Mediterraneo, ovvero *Rosa canina* L., *Rosa corymbifera* Borkh, *Rosa micrantha* Sm, *Rosa sempervirens* L.

2.2 Caratteristiche morfologiche delle rose selvatiche siciliane

2.2.1 *Rosa canina L. (Figura 2.1)*

Sinonimi: *Rosa communis* var. canina; *Rosa dumetorum* Thuill.

Nomi comuni: Rosa selvatica comune, Rosa di macchia, Rosa di siepe.

Caratteristiche botaniche
Habitus vegetativo: Cespuglio sarmentoso, alto fino a 3 m, rami glabri con spine robuste ed arcuate. Foglie: alterne e caduche, composte da 5–7 elementi ellittico-ovali, stipole lanceolate, con pelosità e dentellatura variabile. Fiori: ben evidenti, isolati o radunati in piccoli corimbi, petali di colore rosa, stami numerosi e muniti di antere giallastre. Frutti sono i semi o acheni, racchiusi in un falso frutto (bacca o cinorrodo) piriforme, ellittico, glabro, di colore rosso.

Fenologia: Il periodo di fioritura va da maggio a luglio; i frutti maturano nell'autunno dello stesso anno.

Habitat: Predilige i margini, le radure boschive e le boscaglie degradate, i cespuglieti e le siepi, i sentieri e le scarpate stradali.

Siti di prelevamento ed associazioni vegetali
Ad altitudini comprese tra 404 e 1253 m s.l.m. lungo strade interpoderali tra campi coltivati, su substrato calcareo, su suoli prevalentemente argillosi; in associazione con rovo, pino, quercia, ginestra, felce, Smilax spp. Oppure su pianori di origine alluvionale (deposito), su substrato calcareo e suoli argillosi; in associazione con rovo, pero selvatico, Euphorbia dendroides, ginestra, pino. Ma anche in boscaglie degradate, lungo crinali collinari, su rocce calcaree, su suoli franco-argillosi; in associazione con leccio, roverella, acero campestre, sorbo montano, pungitopo, biancospino, ginestra, asfodelo e ferula. Infine, in radure boschive ai margini di

Figura 2.1 Cespuglio, foglie, cinorrodi e fiore di *Rosa canina* L

strade, su detrito caotico di natura argillosa e carbonatica; in associazione con rovo, pino, ginepro, quercia, faggio, rovere, roverella, Ruscus.

Diffusione regionale
In Sicilia è specie molto comune in tutto il territorio, dal livello del mare fino a 1500 m.

2.2.2 Rosa corymbifera Borkh (Figura 2.2)

Sinonimi: *Rosa canina* subsp. corymbifera (Borkh.) Rouy; *Rosa communis* var. corymbifera (Borkh.)

Nomi comuni: Rosa a corimbo.

Caratteristiche botaniche
Habitus vegetativo: Pianta arbustiva scandente con fusti legnosi lisci, con ramificazioni ampie ed erette munite di spine curvate ad uncino. Foglie: alterne e decidue, composte ed imparipennate, con elevata pelosità del rachide (peli semplici e ghiandolari) e dentellatura doppia (1° e 2° ordine) lungo i margini. Fiori: evidenti, singoli

2.2 Caratteristiche morfologiche delle rose selvatiche siciliane

Figura 2.2 Cespuglio, foglie, cinorrodi e fiore di *Rosa corymbifera* Borkh

o raggruppati in piccoli corimbi, petali rosa, stami numerosi e con antere gialle. Frutti: acheni, racchiusi in un cinorrodo rosso ed ellittico-piriforme.

Fenologia: La fioritura va da maggio a luglio; i frutti maturi nell'autunno successivo.

Habitat: Forma più pelosa della *Rosa canina*, presenta anch'essa caratteri tipicamente elio-mesofili e distribuzione paleotemperata. Si riscontra su substrati prevalentemente calcarei, lungo i margini stradali e le radure di boschi degradati.

Siti di prelevamento ed associazioni vegetali
Ad altitudini di 635 m s.l.m. In campi incolti (suoli franco-argillosi) ai margini di strade provinciali, su substrato calcareo; in associazione con rovo, quercia, sughera, frassino, ginestra e ginestrino, melo selvatico.

Diffusione regionale (Figura 2.3)
Mediamente diffusa in Sicilia, ma meno comune della *R. canina*, si riscontra soprattutto tra i 500 ed i 700 m.

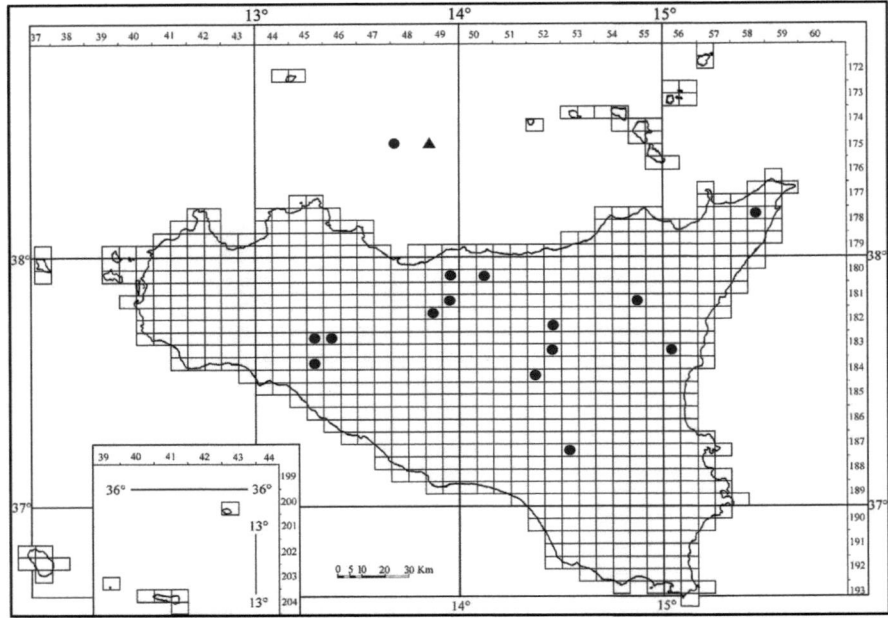

Figura 2.3 Diffusione regionale di *Rosa corymbifera* Borkh. in Sicily

2.2.3 Rosa micrantha Borrer ex Sm (Figura 2.4)

Sinonimi: *Rosa nebrodensis* Guss., *R. rubiginosa* subsp. micrantha (Borrer ex Sm).

Nomi comuni: Rosa balsamina minore, Rosa a fiori piccoli.

Caratteristiche botaniche
Habitus vegetativo: cespuglio mediamente vigoroso, molto ramificato. Foglie: solitamente con 5 segmenti, ellittiche ma a volte sub-rotonde, con dentellatura semplice. Fiori: singoli o riuniti in corimbi, peduncoli irti di aculei, petali di colore rosa chiaro. Frutti: subglobosi, rossi, muniti di peli ghiandolari.

Fenologia: Fioritura in giugno; fruttificazione in ottobre.

Habitat: Si riscontra in boscaglie, scarpate e siepi, su substrato con pH neutro o sub-alcalino, presente anche in ambienti non tipici delle rose.

Siti di prelevamento ed associazioni vegetali
A 365 m s.l.m. di altitudine, su substrato gessoso, su suoli tendenzialmente sciolti (franco-sabbioso); in associazione con mandorlo amaro, sommacco, *Artemisia arborescens*, *Sternbergia lutea*, finocchio selvatico.

Figura 2.4 Cespuglio, foglie, cinorrodi e fiore di *Rosa micrantha* Borrer ex Sm

Diffusione regionale (Figura 2.5)
Meno comune di altre specie nel territorio isolano, nonostante la plasticità di adattamento, reperibile all'interno di una fascia climatica compresa tra 300 e 900 m s.l.m.

2.2.4   *Rosa sempervirens L. (Figura 2.6)*

Sinonimi: *Rosa balearica* Dum. Cours.

Nomi comuni: Rosa di San Giovanni, Rosa sempreverde, Rosa bianca.

Caratteristiche botaniche
Habitus vegetativo: pianta cespugliosa, con fusti striscianti, mollemente sarmentosi e spine curve. Foglie: sempreverdi, con 5–7 segmenti, lanceolate-acuminate, verde scure e lucide nella pagina superiore, con dentellatura semplice. Fiori: riuniti (3–7) in infiorescenze a corimbo, peduncolo irto di peli ghiandolari, petali bianchi. Frutti: subsferici, di piccole dimensioni, glabri, rossi a maturazione.

Fenologia: Fioritura in maggio-giugno (ma se il decorso stagionale è mite può rifiorire in autunno); fruttificazione in luglio-agosto.

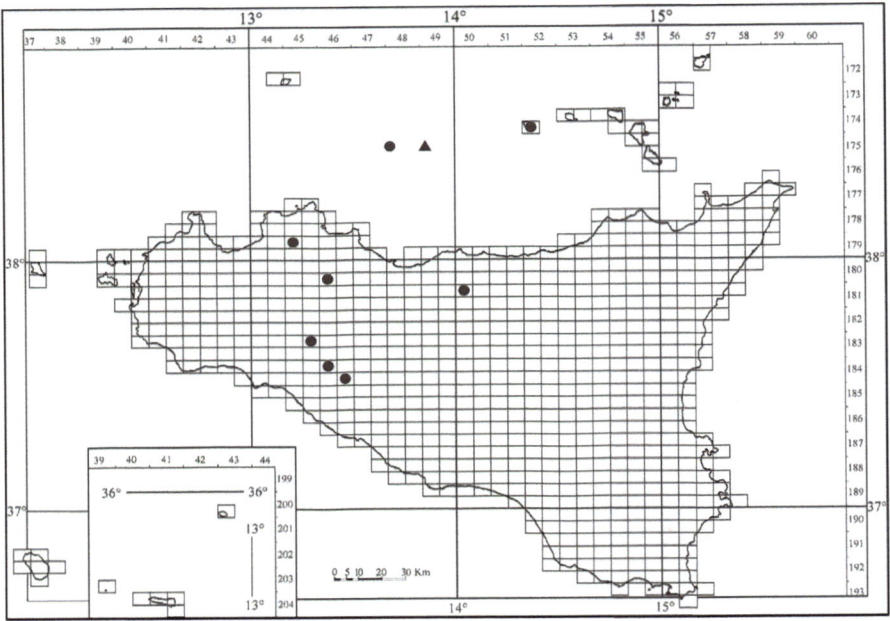

Figura 2.5 Diffusione regionale di *Rosa micrantha* Borrer ex Sm

Figura 2.6 Cespuglio, foglie, cinorrodi e fiore di *Rosa sempervirens* L

Habitat: Presente nelle leccete, negli arbusteti e nelle zone di macchia sempreverde (raramente nei tipi più termofili di bosco submediterraneo), su differenti tipi di substrato.

Siti di prelevamento ed associazioni vegetali
Ad altitudini comprese tra 100 e 470 m s.l.m. Ai margini di strade statali, su substrato calcareo e suoli argillosi; in associazione con rovo, ginestra, olivastro. Oppure lungo una scarpata (ma anche sulle rive di un torrente), su roccia calcarea e suoli bruni vertici; in associazione con rovo, olivastro, canna, mandorlo amaro, perastro, biancospino, azzeruolo. Sempre ai margini di strade statali, su substrato calcareo e suolo franco-argilloso; in associazione con ampelodesmo, Smilax, lentisco. Ma anche ai margini di poderi coltivati, su substrato calcareo e suoli prevalentemente argillosi; in associazione con rovo, olivastro, pero selvatico. Infine, sempre marginalmente alle provinciali, su substrato calcareo e suoli profondi di medio impasto; in associazione con *Rosa canina*, erica, felce, frassino, agrifoglio.

Diffusione regionale
Specie assai comune in tutto il territorio siciliano, dal livello del mare fino a 500 m.

2.2.5 Confronto delle caratteristiche morfologiche delle rose selvatiche siciliane

Per quanto riguarda le principali caratteristiche morfologiche delle foglie delle quattro specie siciliane, le piante di *Rosa canina*, *R. corymbifera* e *R. micrantha* presentavano foglie di forma ellittica e leggermente obovata mentre quelle della *R. sempervirens* erano lanceolate (Tabella 2.1). Le foglie di *R. canina*, *R. micrantha* e *R. sempervirens* avevano un margine semplicemente dentato ossia con una singola dentellatura, mentre quelle di *R. corymbifera* mostravano un margine doppiamente dentato cioè con una doppia serie di piccoli denti sul bordo. La lunghezza del rachide fogliare oscillava da un minimo di 3,4 mm (*R. sempervirens*) ad un massimo

Tabella 2.1 Principali caratteristiche morfologiche delle foglie di rose selvatiche siciliane

Specie	Forma	Margine	Lunghezza rachide fogliare (mm)	Fogliolline per foglia (n.)	Lunghezza foglia (mm)	Larghezza foglia (mm)
Rosa canina	Ellittica ovoidale	Dentato	5,2	6,6	43,8	24,9
R. corymbifera	Ellittica ovoidale	Doppiamente dentato	4,6	6,2	37,1	21,4
R. micrantha	Ellittica	Dentato	5,3	5,8	38,5	23,4
R. sempervirens	Lanceolata	Seghettato	3,4	5,0	37,5	13,9

Tabella 2.2 Principali caratteristiche morfologiche dei cinorrodi di rose selvatiche siciliane

Specie	Forma	Lunghezza (mm)	Larghezza (mm)	Peso (g)	Semi per cinorrodo (n.)
Rosa canina	Ellittica	18,3	10,3	1,5	19,5
R. corymbifera	Obovata	18,5	12,3	2,1	17,3
R. micrantha	Subglobosa	18,7	11,4	1,8	16,6
R. sempervirens	Sferica	10,9	8,6	0,7	17,4

di 5,3 mm (*R. micrantha*) (Tabella 2.1). Il numero di foglioline per singola foglia composta variava da 5,0 (*R. sempervirens*) a 6,6 (*R. canina*). La lunghezza della foglia era più alta in *R. canina* (43,8 mm) e più bassa in *R. corymbifera* (37,1 mm); la larghezza delle foglie era compresa in un range tra 13,9 mm (*R. sempervirens*) e 24,9 mm (*R. canina*) (Tabella 2.1).

Per ciò che concerne i caratteri morfologici dei cinorrodi delle rose siciliane, le piante di *Rosa canina* e *R. corymbifera* producevano bacche di forma allungata, ellittica o obovata, quelle di *R. micrantha* erano subglobose e quelle di *R. sempervirens* erano sferiche e rotonde (Tabella 2.2). La lunghezza dei cinorrodi si aggirava intorno ai 18 mm per *R. canina*, *R. corymbifera* e *R. micrantha*, mentre i valori più ridotti sono stati registrati su *R. sempervirens* (10,9 mm). La larghezza dei cinorrodi era più alta in *R. corymbifera* (12,3 mm) e più bassa in *R. sempervirens* (8,6 mm) (Tabella 2.2). Il peso dei cinorrodi era maggiore in *R. corymbifera* (2,1 g) e minore in *R. sempervirens* (0,7 g). Il numero dei semi (acheni) per cinorrodo oscillava tra un minio di 16,6 per *R. micrantha* ad un massimo di 19,5 per *R. canina*.

Riferimenti bibliografici

Brullo S, Minissale P, Spampinato G (1995) Considerazioni fitogeografiche sulla flora della Sicilia. Ecol Mediterr Xxi 1(2):99–117

D'Angiolillo F, Mammano M, Fascella G (2018) Pigments, polyphenols and antioxidant activity of leaf extracts from four wild Rose species grown in Sicily. Notulae Bot Horti Agrobot Cluj-napoca 46(2):402–409

Ercisli S, Güleryüz M (2005) Rose hip utilization in Turkey. Acta Hortic 690:77–82

Fascella G, Maggiore P, Giardina G (2014) Propagazione vegetativa e gamica di rose siciliane autoctone. In: Atti X° Convegno Nazionale sulla Biodiversità, pp. 69–76, Roma 3–5 settembre 2014.

Fascella G, Giardina G, Maggiore P, Giovino A, Scibetta S (2015) Distribution, habitats, characterization and propagation of Sicilian rose species. Acta Hortic 1064:31–37

Fascella G, Mammano MM, D'Angiolillo F (2019) Leaf methanolic extracts from four Sicilian rose species: bioactive compounds content and antioxidant activity. Acta Hortic 1232:81–88

Fascella G, Mammano MM, Rouphael Y (2023) Induced drought affects morphological and eco-physiological response of Mediterranean wild roses. Acta Hortic 1368:149–154

Ferrauto G, Longhitano N, Zizza A (1996) Flora apistica dei Monti Nebrodi. Quaderno di Botanica Ambientale ed. Applicata, vol 7, pp 113–135

Gianguzzi L, Ilardi V, Raimondo FM (1993) La vegetazione del promontorio di Monte Pellegrino (Palermo). Quaderno di Botanica Ambientale ed. Applicata, vol 4, pp 79–137

Giardina G, Raimondo FM, Spadaro V (2007) A catalogue of plants growing in Sicily. Bocconea 20:5–582

Güneş M, Dölek Ü (2010) Fruit characteristics of promising native rose hip genotypes grown in Mid-North Anatolia Region of Turkey. J Food Agric Environ 8(2):460–463

Kurtto A, Lampinen R, Junka L (eds) (2004) Rosaceae. The Committee for Mapping the Flora of Europe and Societas Biologica Fennica Vanamo. Florae Europaeae. Distribution of vascular plants in Europe, vol 13. Atlas, Helsinki, Finland, p 320

Marceno' C, Colombo P, Princiotta R (1985) Ricerche climatologiche e botaniche sui Monti Sicani (Sicilia centro occidentale). "La flora", Naturalista Siciliano 8:69–133.

Marino P, Castellano G, Bazan G, Schicchi R (2005) Carta del paesaggio e della biodiversità vegetale dei Monti Sicani sud-orientali (Sicilia centro-occidentale). Quaderno di Botanica Ambientale ed. Applicata, vol 16, pp 3–60

Pignatti S (1982) Flora d'Italia. Vol I°. Edagricole, Bologna, pp 557–566

Shamsizade LA, Novruzov EN (2005) Distribution, fruit properties and productivity of Rosa species in Great Caucasus, Azerbaijan. Acta Hortic 690:101–106

Tejaswini PMS (2005) Utilization of wild rose species in India. Acta Hortic 690:91–96

Uggla M, Martinsson M (2005) Cultivate the wild roses – experiences from rose hip production in Sweden. Acta Hortic 690:83–90

Uggla M, Nybom H (1998) Domestication of a new crop in Sweden – dogroses (Rosa sect. Caninae) for commercial rose hip production. Acta Hortic 484:147–152

Capitolo 3
Propagazione di rose selvatiche siciliane

Sommario In questo capitolo, vengono descritte le principali tecniche di propagazione (talea, seme e coltura *in vitro*) provate sulle rose selvatiche siciliane dal CREA DC di Palermo. Per ciascuna metodica seguita, propedeutica al lavoro di introduzione in coltura, vengono riportati i vantaggi e gli svantaggi, le difficoltà riscontrate e le performance delle varie specie. Particolare attenzione viene rivolta alla tecnica più innovativa (micropropagazione), con accurata descrizione delle varie fasi del processo ed alla composizione dei substrati di crescita.

3.1 Propagazione per talea (vegetativa)

Le rose possono essere propagate in vivo per talea, una tecnica tradizionale di propagazione vegetative che non cambia le caratteristiche genetiche e fenotipiche della pianta ma, anzi, le reproduce fedelmente. Questa tecnica si basa sul prelevamento, in primavera, di una porzione di pianta (stelo o ramo) di una certa dimensione che abbia almeno una o due gemme ancora chiuse e sulla sua radicazione in apposito substrato con o senza l'ausilio di ormoni radicanti. I substrati utilizzati per la radicazione delle tale sono diversi (torba, perlite, ecc.) così come gli ormoni (auxine). Una volta avvenuta la radicazione della talea e la schiusura delle gemme, si ha l'emissione dei germogli (apicali e/o laterali) e l'ottenimento di una nuova pianta completamente formata e pronta per il rinvaso.

È stata condotta una prova di propagazione per talea presso il CREA DC di Palermo allo scopo di valutare l'effetto di diversi substrati di radicazione e dell'uso di un ormone radicante sulla radicazione di talee di 4 rose spontanee siciliane (*Rosa canina, R. corymbifera, R. micrantha, R. sempervirens*). Sono state prelevate talee semilegnose di 15 cm di lunghezza da piante di 5 anni d'età allevate all'aperto. Il 50% delle talee raccolte è stato trattato con acido naftalenacetico (NAA) in polvere e tutte le talee, trattate e non trattate, è stato posto a radicare in bancali riscaldati

---

In collaborazione con Alessandra Sgueglia, CREA DC Palermo.

Tabella 3.1 Effetto del substrato e dell'uso di NAA sulla radicazione di talee di rose selvatiche siciliane

Substrato	NAA	Radicazione (%)	Radici/talea (n.)	Lunghezza radici (cm)
Torba 100%	0	13,2	1,8	2,1
	400	15,4	2,0	2,3
Torba : perlite 50 : 50	0	26,5	2,2	7,7
	4000	50,3	3,0	8,0
Perlite 100%	0	20,1	4,8	4,3
	4000	24,5	5,7	3,1

riempiti con 3 substrati di radicazione (torba 100%, perlite 100% e miscela torba/perlite 1 : 1 v/v) e dotati di impianto di tipo mist. Circa 60 giorni dopo l'avvio della prova, sono stati rilevati la percentuale di radicazione delle talee, il numero di radici/talea e la lunghezza delle radici.

I risultati ottenuti indicano che il tasso di radicazione è influenzato sia dal substrato di radicazione che dall'uso dell'ormone radicante. In particolare, la percentuale di radicazione più elevata (50,3%) è stata osservata nelle talee poste a radicare nel miscuglio torba/perlite e con l'utilizzo di NAA, mentre il tasso più basso (13,2%) è stato registrato nelle talee poste su sola torba e senza NAA (Tabella 3.1). Il numero di radici/talea è stato influenzato solo dal substrato di radicazione in quanto le radici più numerose (5,2) sono state rilevate sulle talee radicate su sola perlite e quelle meno numerose (1,9) su sola torba. Anche la lunghezza media delle radici è stata influenzata soltanto dal substrato di radicazione, in quanto le radici più lunghe (7,8 cm) sono state misurate sulle talee poste a radicare nel miscuglio torba/perlite, quelle più corte (2,2 cm), invece, in talee su sola torba (Tabella 3.1). La percentuale di radicazione delle talee è stata influenzata anche dalla specie, con i tassi più alti (42,6%) osservati su *R. sempervirens* e quelli più bassi (14,6%) su *R. micrantha* (Tabella 3.2). Il numero medio di radici/talea si aggirava intorno a 5,1 indipendentemente dalla specie considerata. Al contrario, la lunghezza delle radici è variata al variare della specie, con *R. sempervirens* e *R. micrantha* che hanno evidenziato le radici più lunghe mentre *R. canina* e *R. corymbifera* quelle più corte (Tabella 3.2).

Tabella 3.2 Influenza della specie sulla radicazione di talee di rosa selvatica

Specie	Radicazione (%)	Radici/talea (n.)	Lunghezza radici (cm)
Rosa canina	24,1	5,5	3,7
R. corymbifera	14,6	4,8	3,4
R. micrantha	15,3	5,1	7,0
R. sempervirens	42,6	4,9	7,7

3.2 Moltiplicazione da seme (gamica)

Le rose possono essere moltiplicate anche da seme, una tecnica tradizionale di propagazione gamica, quindi legata alla riproduzione sessuata delle piante, che prevede la ricombinazione dei caratteri genetici dei parentali e un cambiamento di alcuni caratteri fenotipici. Nel genere Rosa, la dormienza dei semi (acheni) contenuti nelle bacche, dovuta a vari fattori quali la durezza del pericarpo e al livello di idratazione della bacca, rappresenta un problema considerevole per la produzione di piantine (Haouala et al. 2013). Ciò vale anche per le specie di rosa spontanee presenti in Sicilia; i semi di queste specie, infatti, se messi a dimora senza prima alcun trattamento pre-semina, raggiungono percentuali di germinazioni molto basse, conseguenza della prolungata dormienza dei semi. Il fenomeno della dormienza in rosa può essere dovuto anche dalla presenza di inibitori specifici nel pericarpo e ad alcune barriere fisiologiche all'interno dell'embrione stesso (Bo et al. 1995; Zhou et al. 2009).

Le barriere fisiologiche negli embrioni sono state superate con successo in un certo numero di specie di rosa, utilizzando la stratificazione a freddo (vernalizzazione) (Densmore e Zasada 1977). Mentre, come trattamento per ridurre la resistenza meccanica del pericarpo, è possibile ricorrere alla scarificazione fisica, attraverso l'immersione del seme in acqua calda per 24 ore, o a quella chimica, utilizzando acido cloridrico (HCl) o acido solforico (H_2SO_4) che intaccano il tegumento esterno. Una tecnica alternativa per incrementare la germinabilità dei semi di rosa è rappresentata dal trattamento degli stessi con acido giberellico (GA_3), un ormone del gruppo delle giberelline, allo scopo di favorire lo sviluppo dell'embrione e stimolarne la germinazione ossia l'emissione della radichetta prima, seguita da quella dei cotiledoni.

Solitamente i semi di rosa, e quindi anche quelli delle specie autoctone siciliane, vengono estratti dai falsi frutti (cinorrodi) per mezzo di un bisturi e ripuliti dai residui di polpa e dai peli (Figura 3.1).

Successivamente vengono immersi in acqua per 24 ore e separati per via densimetrica, ossia vengono prelevati solo i semi che rimangono sul fondo del contenito-

Figura 3.1 Semi di rosa estratti dai cinorrodi (**a**); semi posti ad asciugare su capsule Petri (**b**); immersione dei semi in soluzione di HCl per la scarificazione (**c**)

Figura 3.2 Germinazione di semi di rosa in sabbia (**A**); semenzali in plateau riempiti con torba (**B**); plantula radicata prima del trapianto (**C**)

re (presumibilmente integri e vitali), scartando quelli che galleggiano in superficie (probabilmente vuoti).

I semi selezionati vengono posti all'interno di vaschette di alluminio contenenti sabbia di fiume finemente setacciata ed umettata. Le vaschette vengono riposte all'interno di un armadio termostatato ad una temperatura di circa 6 °C al buio, per quattro mesi.

Durante il periodo di stratificazione a freddo, le vaschette vengono controllate ogni settimana per verificare ed in caso integrare le perdite di acqua del substrato.

Questa tecnica, definita "vernalizzazione", permette di aumentare la percentuale di germinazione dei semi, in quanto soddisfa il fabbisogno in freddo degli stessi, permettendo così di superare il cosiddetto periodo di dormienza.

Dopo la stratificazione a freddo, i semi vengono lavati con acqua per eliminare la sabbia in eccesso e sottoposti ad una scarificazione chimica attraverso l'immersione in una soluzione di acido cloridrico (HCl 1M) seguita da tre risciacqui con acqua distillata (Figura 3.1).

Infine, vengono seminati all'interno di contenitori alveolari (1 seme per ogni alveolo) riempiti con un miscuglio di sabbia, torba e perlite (1 : 1 : 1, v/v/v) e collocati in bancali riscaldati sotto impianto di nebulizzazione tipo mist (U.R. 80%) (Figura 3.2).

La scarificazione chimica ha permesso di ottenere le seguenti percentuali di germinazione dei semi: in *Rosa canina* 33,5%, in *R. corymbifera* 22,5%, in *R. micrantha* 63,4% e in *Rosa sempervirens* 81%. Per quanto riguarda il tempo medio di germinazione (T.M.G), si raggiungono valori di 52 giorni nel caso dei semi di *Rosa sempervirens*, di 70 giorni nel caso di *R. canina*, di 30 giorni per *R. corymbifera*. Ricorrere alla scarificazione fisica, immergendo i semi in acqua calda prima della semina per 30 o 60 secondi, permette di raggiungere percentuali di germinazione assai modeste (*Rosa canina* 24,6%, *R. corymbifera* 3,8%, *R. micrantha* 5,7%), e comunque uguali o addirittura leggermente inferiori a quelle ottenute nel controllo (Figura 3.3), e non è dunque consigliabile per la riproduzione delle specie.

Il trattamento ormonale con immersione dei semi in soluzione acquosa di GA_3 (1 o 2 g/l), in alternativa alla scarificazione chimica, ha invece consentito di ot-

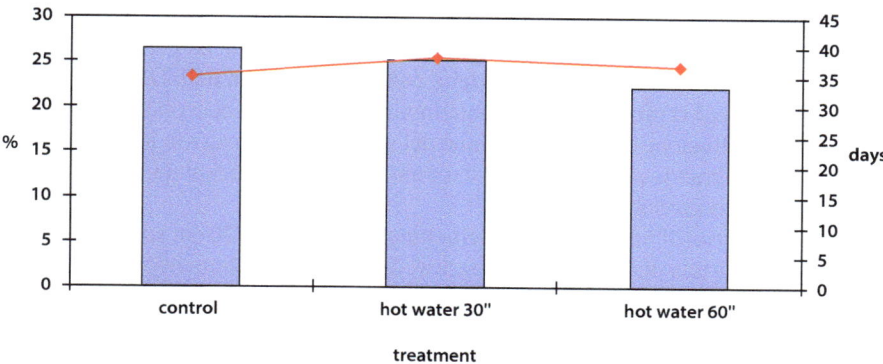

Figura 3.3 Effetto dell'immersione in acqua calda sulla germinazione di semi di rosa

tenere percentuali di germinazione molto elevate in alcune specie, in particolare su *Rosa sempervirens* dove si è sfiorata la quasi totalità di germinabilità dei semi (99%), seguita da *R. canina* (85%) e *R. micrantha* (72%), rivelandosi la metodica più efficiente e proponibile a livello vivaistico per la moltiplicazione delle specie.

3.3 Propagazione *in vitro* (micropropagazione)

La tecnica di propagazione *in vitro* è stata applicata con successo a numerose specie afferenti al genere Rosa presenti in tutto il mondo. Per questo genere, utilizzato per diverse finalità produttive (ornamentale, alimentare, cosmetico, medicinale), la micropropagazione viene adottata come metodo alternativo alle classiche tecniche di propagazione quali innesto, talea, margotta, e permette di ottenere un gran numero di piante in poco tempo, in piccoli spazi e indipendentemente dal periodo dell'anno, tutte geneticamente uniformi (cloni) e sane (virus esenti), partendo da un numero ridotto di piante madri.

Nonostante la propagazione per via vegetativa *in vivo* sia una tecnica predominante nelle rose, non garantisce spesso una produzione di piante sane e prive di malattie. Inoltre, la dipendenza dalla stagione e i ridotti tassi di moltiplicazione sono alcuni degli altri principali fattori limitanti nella propagazione convenzionale (Pati et al. 2006). La risposta alle condizioni di *vitro* risulta essere il più delle volte genotipo-dipendente in tutte le fasi della micropropagazione; per tale ragione è necessario sviluppare specifici protocolli per ogni specie. In merito all'influenza del genotipo sulla proliferazione dei germogli in vitro, alcuni studi hanno dimostrato che esistono geni responsabili dell'aumento del numero di iniziali delle gemme e della proliferazione dei germogli (Pati et al. 2006). In letteratura, è stato, inoltre, riportato il possibile coinvolgimento di alcuni geni nella variazione dei livelli ormonali di gemme e germogli (Tantikanjana et al. 2001).

Gli studi fino ad ora condotti sugli aspetti propagativi delle rose siciliane spontanee sono stati molto limitati (Fascella et al. 2014), ciò vale anche per le prove sperimentali condotte per l'applicazione delle colture *in vitro*. La definizione di protocolli efficienti per la produzione di piante in vitro di queste specie può consentire di agevolare la diffusione e la valorizzazione del germoplasma rosicolo locale, caratterizzato da una grande potenzialità sia dal punto di vista ornamentale-paesaggistico che agronomico-produttivo.

Gli steli di rosa di un anno di età, della lunghezza di circa 20 cm sono stati recisi in primavera (prima della ripresa vegetativa) da piante mantenute in pieno campo e da piante allevate in vaso. Il mantenimento di un ottimale stato fisiologico e sanitario delle piante madri da cui prelevare il materiale vegetale è essenziale per poter disporre di espianti idonei per l'allestimento di colture asettiche. Per tale ragione le piante madri devono essere mantenute in un ambiente controllato che consenta la corretta crescita e che limiti l'insorgenza di malattie. Per procedere correttamente durante le fasi di micropropagazione, è necessaria una conoscenza approfondita dello stato fisiologico e fitopatologico del materiale vegetale di partenza, per tale ragione si consiglia di effettuare continui ed accurati monitoraggi sulle piante madri.

In laboratorio, gli steli di rosa vengono porzionati in segmenti uninodali della lunghezza di circa 5 cm, con gemme ascellari e apicali (microtalee), da utilizzare per la fase di sterilizzazione. Le fasi della micropropagazione a partire dalla fase di disinfezione sono eseguite sotto una cappa a flusso laminare in modo da mantenere le condizioni di sterilità; inoltre, gli strumenti e il materiale di consumo devono essere preventivamente sterilizzati in autoclave a 121 °C per 20 minuti ad una pressione di 1 kg/cm^2 prima del loro utilizzo.

3.3.1 *Sterilizzazione degli espianti*

Le microtalee sono sottoposte a un lavaggio in agitazione su piastra magnetica con acqua e sapone disinfettante per 20 minuti. In caso di elevata presenza di spine è consigliabile ripulire la superficie delle microtalee tramite uno spazzolino sotto acqua corrente, prima del lavaggio in immersione.

Si procede poi con un risciacquo sotto acqua corrente per 10 minuti all'interno di un setaccio. Per la fase di disinfezione superficiale si procede con l'immersione delle microtalee in una soluzione di alcool etilico al 70% per 60 secondi all'interno di un contenitore sterile, seguita da due risciacqui con acqua sterile per allontanare totalmente l'alcool.

Le microtalee vengono successivamente immerse in una soluzione acquosa di ipoclorito di sodio (1:2, v/v) al 5% di cloro attivo, con aggiunta di qualche goccia di bagnante Tween20® all'interno di un contenitore sterile per 10–15 minuti (a seconda della consistenza più o meno legnosa del tessuto). Il materiale vegetale così trattato viene in seguito risciacquato tre volte con acqua distillata sterile per allontanare del tutto i residui di ipoclorito dai tessuti.

3.3 Propagazione *in vitro* (micropropagazione)

Tabella 3.3 Composizione dei substrati utilizzati per le differenti fasi (stabilizzazione, moltiplicazione e radicazione) della propagazione *in vitro* di rose siciliane

Ingrediente	Stabilizzazione	Moltiplicazione	Radicazione
Macroelementi	Murashige & Skoog (MS)	MS	MS/2
Microelementi	MS	MS	MS/2
Vitamine	MS	MS	MS/2
BA (mg/L)	–	0,25–0,5–0,75	–
IAA (mg/L)	–	–	0,3–0,6
Saccarosio (g/L)	30	30	30
Acido citrico (mg/L)	50	–	–
Agar (g/L)	8	8	8
pH	5.7	5.7	5.7

3.3.2 Introduzione in vitro e stabilizzazione degli espianti

In laboratorio, sotto una cappa sterile a flusso laminare, dalle microtalee sterili vengono ricavati gli espianti della dimensione di circa 2 cm, da introdurre *in vitro*. In questa fase, rimuovere le spine presenti può far diminuire la percentuale di inquinamento ma, di contro, favorisce il rilascio di essudati fenolici dai tessuti vegetali.

Gli espianti prelevati in ambiente asettico, vengono trasferiti all'interno di flaconi sterili, contenenti un terreno di coltura a base di Sali e vitamine MS (Murashige e Skoog 1962) addizionato con saccarosio, agar, acido citrico (antiossidante) (Tabella 3.3) per contrastare il rilascio di fenoli dalla superficie di taglio degli espianti, e senza alcun fitoregolatore di crescita (Figura 3.4).

Figura 3.4 Espianti di rosa introdotti *in vitro* (**a**); crescita degli espianti su substrato di stabilizzazione (**b**)

In alternativa all'acido citrico è possibile utilizzare il PVP (polyvinyl pyrrolidone), l'acido ascorbico o il carbone attivo da addizionare al terreno di stabilizzazione oppure ricorrere a frequenti cambi di mezzo di coltura (Rout et al. 1999).

Il pH del terreno viene portato a 5.7 con l'utilizzo di soluzioni di NaOH o HCl di 0,1–1 M prima di aggiungere l'agar. I flaconi vengono trasferiti in camera di vegetazione a 24 °C con fotoperiodo di 16 ore e di luce ed intensità luminosa di 3500 lux (lampade a fluorescenza Osram Lumilux White, Berlino, Germania).

3.3.3 Moltiplicazione in vitro dei germogli

Questa fase consiste nel trasferimento dei germogli ottenuti dagli espianti sterili su terreni di coltura arricchiti con l'aggiunta di ormoni appartenenti alla classe delle citochinine (non presenti nel substrato utilizzato per la stabilizzazione *in vitro*) aventi lo scopo di favorire la moltiplicazione dei germogli stessi.

Dopo 4 settimane dalla fase di allestimento, i germogli di rosa stabilizzati *in vitro* e non contaminati, sono trasferiti in contenitori sterili con terreno di coltura costituito da sali MS, saccarosio, agar e benziladenina (BA) come citochinina (Tabella 3.3).

Il trasferimento dei germogli, in flaconi con terreno di moltiplicazione fresco, va effettuato mediamente ogni quattro settimane (sub-coltura) a seconda della specie in coltura e del tasso di proliferazione dei germogli (Figura 3.5).

Ad ogni subcoltura vengono eliminati i tessuti vitrescenti, il callo formatosi alla base dei germogli e a quest'ultimi viene tolta la parte apicale in modo da contrastare il fenomeno di dominanza apicale.

Per la *Rosa canina* e la *R. sempervirens* è possibile raggiungere un buon tasso di moltiplicazione, rispettivamente pari a 3,5 e 2,5 germogli/espianto, utilizzando la BA ad una concentrazione di 0,75 mg/L. Nel caso di *Rosa corymbifera* e di *R. micrantha*, invece, si raggiungono tassi di moltiplicazione rispettivamente pari a 1,5 e 2,0 germogli/espianto in presenza di BA alla concentrazione di 0,75 mg/L.

Figura 3.5 Moltiplicazione *in vitro* dei germogli (**a**); germogli in contenitori in vetro posti in camera di crescita (**b**); plantula di rosa micropropagata (**c**)

3.3 Propagazione *in vitro* (micropropagazione)

Le quattro specie evidenziano tassi di moltiplicazione soddisfacenti in presenza di BA sia alla concentrazione di 0,5 mg/L che di 0,75 mg/L.

L'utilizzo di una concentrazione di BA più elevata comporta però, una maggiore comparsa di tessuti iperidrici (vitrescenti) e di callo in queste due specie. Livelli di BA minori (0,25 mg/L) non permettono uno sviluppo significativo di gemme ascellari *in vitro* in tutte e quattro le specie di rosa.

3.3.4 Radicazione in vitro e acclimatamento

Questa fase consiste nel promuovere l'emissione delle radici da parte dei germogli moltiplicati *in vitro* per un successivo trasferimento *ex vitro*. I germogli vengono quindi singolarizzati, e indotti a radicare su un terreno MS, con concentrazione di sali dimezzata, contenente un ormone radicante appartenente alla classe delle auxine come l'acido indolacetico (IAA) (Tabella 3.3).

In *Rosa canina* si raggiunge una buona percentuale di radicazione *in vitro* (68,5%) utilizzando l'IAA ad una concentrazione di 0,6 mg/L. Mentre, nel caso della *Rosa sempervirens* si raggiungono livelli alti di radicazione (91,8%) senza dover aggiungere alcun ormone auxinico al mezzo di radicazione. La concentrazione più elevata di IAA permette di ottenere le percentuali di radicazione maggiori anche nel caso di *Rosa micrantha* (32%) e *R. corymbifera* (19%).

Per l'ambientamento *ex vitro*, i germogli radicati *in vitro* sono stati prelevati dai contenitori in modo da non danneggiare le radici. L'apparato radicale viene immerso in acqua in modo da eliminare l'agar residuo. In seguito, le piantine vengono messe a dimora all'interno di bancali forniti di riscaldamento basale e impianto di nebulizzazione tipo mist (U.R. 80%) e collocate in piccoli contenitori con substrato a base di torba bruna e perlite (1 : 1, v/v) per favorirne l'acclimatamento in *ex-vitro* (Figura 3.6).

Le piantine acclimatate vengono, infine, poste in pien'aria sotto rete ombreggiante al 50% di riduzione della radiazione luminosa.

Figura 3.6 Plantule di rosa radicate *in vitro* (**a**); piantine acclimatate *ex-vitro* (**b**); rose trapiantate in vasi in serra (**c**)

L'utilizzo di IAA nell'indurre la radicazione dei germogli *in vitro*, sembra avere un'influenza positiva anche sulla fase di ambientamento della *Rosa canina* e della *R. sempervirens*, che così trattate riescono a raggiungere una percentuale di ambientamento rispettivamente del 71,3% e del 57,3%.

Riferimenti bibliografici

Bo J, Huiru D, Xiaohan Y (1995) Shortening hybridization breeding cycle of rose. A study on mechanisms controlling achene dormancy. Acta Horticolturae 404:40–47

Densmore R, Zasada JC (1977) Germination requirements of Alaskan Rosa acicularis. Can Field Naturalist 91(1):58–62

Fascella G, Maggiore P, Giardina G (2014) Propagazione vegetativa e gamica di rose siciliane autoctone. In: Atti X° Convegno Nazionale sulla Biodiversità Roma, 3–5 settembre 2014, pp 69–76

Haouala F, Hajlaoui N, Cheikh-Affene ZB (2013) Enhancing seed germination in rose (Rosa rubiginosa L.). Med Aromat Plants 2:6

Murashige T, Skoog F (1962) A revised medium for rapid growth and bioassays with tobbaco tissue cultures. Physiol Plant 15:473–497

Pati PK, Rath SP, Sharma M, Sood A, Ahuja PS (2006) In vitro propagation of rose – a review. Biotechnol Adv 24(1):94–114

Rout GR, Samantaray S, Mottley J, Das P (1999) Biotechnology of the rose: a review of recent progress. Sci Hortic 81(3):201–228

Tantikanjana T, Yong JW, Letham DS, Griffith M, Hussain M, Ljung K, Sandberg G, Sundaresan V (2001) Control of axillary bud initiation and shoot architecture in Arabidopsis through the supershoot gene. Genes Dev 15:1577–1588

Zhou ZQ, Bao WK, Wu N (2009) Dormancy and germination in Rosa multibracteata Hemsl. & E. H. Wilson. Sci Hortic 119:434–441

Capitolo 4
Coltivazione con tecniche agronomiche ecosostenibili

Sommario In questo capitolo, vengono descritte le principali tecniche di coltivazione delle rose selvatiche siciliane. Particolare enfasi viene data all'approccio *low-input*, mirato alla riduzione delle risorse impiegate (acqua, suolo, concimi, antiparassitari) e, quindi, dell'impatto ambientale in vista di una maggiore sostenibilità delle colture agrarie. Viene, in particolare, proposta la coltivazione in fuori suolo di queste specie, con un'attenta scelta del tipo di substrato colturale (anche alternativo alla torba), dei volumi irrigui da somministrare, della fertilizzazione più adatta e della difesa delle piante dai principali parassiti. A tale scopo vengono riportati alcuni dei risultati conseguiti dal CREA DC di Palermo nell'ambito di alcune tematiche inerenti (risposte delle piante a differenti miscele di substrati, regimi irrigui e livelli di stress idrico).

4.1 Coltivazione fuori suolo di rose selvatiche siciliane

Il CREA DC di Palermo ha definito dei protocolli di coltivazione eco sostenibile di piante di rosa in vaso utilizzando la tecnica del fuori suolo. Tali protocolli possono essere adottati sia da aziende florovivaistiche, che puntano alla produzione di piantine in vaso da vendere ai consumatori di specie ornamentali ed ai coltivatori (i quali poi metteranno le piante a dimora nel terreno e avvieranno una coltivazione in suolo di rose), sia dagli imprenditori agricoli che mirano direttamente all'allevamento delle piante in contenitore per la produzione delle bacche a scopi nutraceutici.

4.1.1 Trapianto

Per avviare una coltivazione in fuori suolo di rosa, occorre trapiantare le piantine (ottenute dalla semina o dalla radicazione delle talee) di circa 6 mesi d'età in vasi di polietilene di dimensioni variabili (dal diametro di 16 cm a quello di 22 cm) riempiti con un substrato adeguato.

Il trapianto (dei semenzali o delle talee radicate) dovrebbe essere effettuato, in funzione della zona e delle condizioni meteorologiche, tra ottobre e novembre oppure tra febbraio e marzo, ponendo particolare attenzione a non danneggiare la zolla contenente l'apparato radicale. Impianti più precoci (fine estate) o più tardivi (fine primavera) potrebbero esporre le giovani piantine al rischio di subire dei forti stress abiotici. Occorre, comunque, precisare che la rosa si adatta bene a tutti i climi, anche a quello secco e asciutto tipico delle aree meridionali (Fascella et al. 2009).

La dimensione del vaso varia in funzione di quanto le piante dovranno rimanere all'interno del contenitore: se destinate alla vendita una volta raggiunte le dimensioni commerciali (3–4 mesi dopo l'impianto, è il caso delle aziende floro-vivaistiche) è possibile utilizzare contenitori di 16 o di 18 cm di diametro (rispettivamente pari ad un volume di 3 o 4 litri); se, invece, le piante vengono allevate per la produzione delle bacche (cinorrodi) e/o di petali da utilizzare a fini salutistici, occorre utilizzare dei vasi di maggiori dimensioni (di almeno 22 cm di diametro, pari ad un volume di 7 litri, o addirittura ancora più grandi cioè 24–25 cm di diametro) in grado di "ospitare e mantenere" le piante per 3 anni o anche più.

4.1.2 Substrati di coltivazione

Un substrato colturale ideale, oltre ad avere una struttura stabile, un peso limitato ed un basso costo (ottenibile con l'uso di sottoprodotti agricoli), dovrebbe possedere i seguenti requisiti:

- adeguata capacità di ritenzione idrica;
- sufficiente drenaggio;
- buona aerazione;
- presenza di elementi nutritivi;
- sufficiente capacità di scambio cationico;
- pH appropriato alle esigenze delle specie coltivata.

La ritenzione idrica è la capacità che ha un substrato di trattenere l'acqua nei suoi pori: è massima nei substrati organici e minima nella sabbia. Un substrato è valido, dal punto di vista vivaistico, quando ha una buona ritenzione idrica e contemporaneamente una buona aerazione. Aerazione e ritenzione idrica sono infatti due caratteristiche fisiche interdipendenti: se aumenta l'aerazione, diminuisce la ritenzione dell'acqua e viceversa. La capacità di ritenzione idrica deve garantire livelli di umidità del substrato costanti ed ottimali, senza dover ricorrere ad irrigazioni troppo frequenti. La capacità di ritenzione idrica non deve essere troppo elevata per non causare problemi di asfissia radicale.

Un buon substrato deve avere un drenaggio (la capacità di lasciarsi attraversare dall'acqua) né eccessivamente elevato, perché tenderebbe ad asciugarsi troppo velocemente, né molto basso, perché favorirebbe un eccessivo ristagno di acqua e di conseguenza la comparsa di marciumi radicali.

L'aerazione permette il ricambio dell'ossigeno e della CO_2 tra il substrato e l'atmosfera. Una scarsa aerazione limita la crescita delle radici, riduce l'assorbimento degli elementi nutritivi e aumenta la possibilità d'azione di agenti fitopatogeni. La scarsa aerazione è spesso legata alla porosità del substrato che, a sua volta, dipende dal materiale a struttura granulare che deve essere sempre presente in giusta dose.

Il ridotto volume del substrato colturale contenuto in un vaso, le frequenti irrigazioni e l'assorbimento radicale, determinano un progressivo impoverimento di sostanze nutritive utili per la crescita della pianta. È pertanto indispensabile predisporre un substrato che sia in grado di fornire i macro e i microelementi nutritivi in forma assimilabile dalla pianta.

Il substrato, in seguito al dilavamento causato dalle frequenti irrigazioni, deve essere in grado di trattenere parte degli ioni disciolti per poi cederli lentamente in tempi successivi. Questa proprietà, definita capacità di scambio cationico, è elevata nei materiali organici e nei terreni argillosi e molto ridotta in quelli sciolti e leggeri (sabbia).

Un buon substrato di coltivazione per le rose in vaso deve possedere delle caratteristiche fisico-chimiche adeguate allo sviluppo, alla crescita ed alla produzione delle piante. Per quanto riguarda le caratteristiche chimiche, il pH dovrebbe oscillare tra 5.5 e 7.0 mentre la conducibilità elettrica dovrebbe aggirarsi tra 0.5 e 2.0 dS/m; valori di CE vicini o superiori a 3.0 dS/m sono indicatori di un contenuto elevato di sali nel substrato, con conseguenti ripercussioni negative sull'attività vegeto-produttiva della pianta.

Relativamente alle proprietà fisiche, i substrati colturali dovrebbero possedere un basso peso specifico apparente (o densità apparente). La densità apparente ottimale per le colture in contenitore oscilla tra 150 e 500 Kg/m^3. Bisogna, inoltre, considerare che contemporaneamente all'accrescimento dell'apparato radicale viene via via ridotta la porosità libera e vengono modificate le caratteristiche idrologiche del substrato. Pertanto, nelle specie poliennali (come le rose), è necessario, dopo un certo periodo variabile in relazione alla velocità di crescita delle piante, effettuare il rinvaso.

Il substrato ideale per le colture in vaso dovrebbe avere una porosità totale di almeno il 75% con percentuali variabili di macro e micropori, in relazione alla specie coltivata ed alle condizioni ambientali e colturali. L'acqua disponibile per la pianta dovrebbe essere intorno al 30–40% del volume apparente e costituita per il 25–30% da acqua facilmente disponibile e dal restante 5–10% da acqua di riserva.

Inoltre, in un buon substrato di coltivazione destinato all'allevamento di piante in vaso o in qualunque altra tipologia di contenitore, non deve mancare una certa quantità di materiale inerte come la perlite o l'argilla espansa che ha il compito di rendere il substrato stesso più "leggero", favorendo lo sgrondo dell'acqua in eccesso ed evitando pericolosi fenomeni di ristagno idrico (Figure 4.1e 4.2).

Per quanto riguarda il substrato di coltivazione da utilizzare per le rose in fuori suolo, questo può essere costituito dalla sola torba (100% in volume), il materiale più utilizzato nel vivaismo per le sue molteplici e note proprietà (facile reperibilità

Figura 4.1 Semenzali di rose trapiantati in vasi di plastica con substrato

Figura 4.2 Rose in vaso con substrato composto da miscela di torba e perlite

sul mercato, elevata leggerezza, alta porosità, ecc.) ma con implicazioni economico-ambientali in quanto proveniente dalle torbiere del Nord Europa e Nord America da cui viene estratta a ritmi molto intensi, con notevole rischio di alterazione degli ambienti originari e addirittura di esaurimento di una risorsa poco rinnovabile (Fascella e Zizzo 2005).

La torba è attualmente il principale componente dei substrati di coltivazione utilizzati per la coltivazione e la produzione commerciale di piante in contenitore. Il suo successo a lungo termine e il suo uso così diffuso sono sicuramente legati alle sue caratteristiche fisiche (elevata capacità di ritenzione idrica, bassa densità apparente, lento processo di decomposizione) e chimiche (alta capacità di scambio cationico) che la rendono particolarmente adatta come substrato per la coltivazione in fuori suolo di numerose specie orto-floricole. Contenendo almeno il 75% di fibra, la torba è in grado di trattenere molti elementi nutritivi e ridurne il dilavamento. Inoltre, è caratterizzata da elevati valori di acqua facilmente disponibile e da un alto tasso di diffusione dell'ossigeno.

La torba si forma in seguito ai processi di parziale decomposizione delle piante tipiche di ambienti settentrionali caratterizzati da suoli pesanti e poco drenanti, con pochi nutrienti e basso pH, da basse temperature e in condizioni anaerobiche. Oltre

Figura 4.3 Rose in vaso con substrato composto da fibra di cocco

al problema che può favorire la trasmissione di alcuni patogeni terricoli, il principale limite dell'intensivo uso delle torbe in agricoltura è legato all'esaurimento delle torbiere (che si formano in centinaia di anni), creando un aumento dell'emissione di gas serra dovuta a un notevole rilascio di CO_2 a seguito della decomposizione aerobica della torba.

In alternativa all'uso della torba in purezza sono proponibili per le rose in vaso delle miscele di torba a ridotta percentuale con altri materiali vegetali quali la fibra di cocco, la corteccia di conifere, compost di varia natura (ad esempio, pastazzo di agrumi, sanse o vinacce esauste o letame, oppure residui di potatura e della lavorazione dei cereali o degli ortaggi o fanghi di depurazione) (Fascella et al. 2007).

La fibra di cocco è ottenuta dal mesocarpo delle noci prodotte dalla palma da cocco che viene coltivata in molti Paesi tropicali (Filippine, India, Indonesia, Sri Lanka, Messico and Costa Rica). Contiene dal 60 al 70% di fibra di varia lunghezza. La fibra di cocco viene immersa in acqua per ammorbidirla e facilitane la macinazione.

La di fibra di cocco è ampiamente utilizzata, da sola o miscelata con altri materiali, come substrato colturale alternativo per la coltivazione fuori suolo di fiori recisi e piante ornamentali in vaso, poiché ha dimostrato performance produttive simili a quelle della torba (Figura 4.3). Le proprietà fisiche della fibra di cocco solitamente variano a seconda della quantità di particelle fibrose incluse, quindi un aumento delle fibre è generalmente associato a una maggiore porosità e a una diminuzione della densità apparente e della capacità di ritenzione idrica (Fascella 2015).

Con il termine generico "compost" viene indicato un materiale organico che ha subito un lungo processo di decomposizione termofila e aerobica, chiamato compostaggio. Le caratteristiche fisiche, chimiche e biologiche del compost possono variare a seconda delle materie prime utilizzate, nonché della durata e della natura del processo di compostaggio. Il compost utilizzato come substrato di coltura per le specie vegetali è solitamente prodotto da diversi rifiuti organici, come fanghi di depurazione, rifiuti solidi urbani, letame animale e scarti dell'industria alimentare.

Figura 4.4 Rose in vaso con substrato compost da biochar di conifere

I compost da utilizzare come substrati colturali in vaso devono essere stabili e maturi. Per quanto riguarda le proprietà fisiche necessarie per i compost adatti ai substrati in vaso, la conduttività idraulica, la porosità e l'acqua facilmente disponibile dovrebbero essere elevate. La combinazione di torba e compost, in opportune proporzioni, nei substrati di coltura è spesso consigliata: la torba, infatti, migliora l'aerazione e la ritenzione idrica, mentre il compost incrementa il contenuto in elementi nutritvi e, quindi, la capacità fertilizzante del substrato.

D'altro canto, sebbene l'uso di miscele di compost con torba possa esaltare le proprietà dei singoli materiali riducendone i limiti, la percentuale di compost da utilizzare per i substrati da invasatura deve essere attentamente determinata per evitare effetti negativi sulla crescita delle piante (elevato contenuto di sali solubili e presenza di metalli pesanti).

Un altro materiale che è possibile utilizzare per le rose in vaso, in sostituzione o in miscuglio con torba o con altri dei sopracitati substrati, è il bio-carbone vegetale detto "biochar" ottenuto come residuo della combustione ad altissime temperature e in assenza di ossigeno di matrici organiche di varia provenienza (specie legnose ed erbacee, gusci di semi, pollina, ecc.) (Fascella et al. 2017).

Il biochar è un carbone biologico a grana fine e poroso derivato dalla pirolisi, un processo termochimico a 300–500 °C in cui una biomassa di scarto viene sottoposta a combustione in assenza o in scarsa presenza di ossigeno. Il biochar possiede delle caratteristiche positive in grado di migliorare le performance di un suolo o di un substrato (aumento della capacità di scambio cationico, riduzione del dilavamento dei nutrienti, incremento della capacità di ritenzione idrica, creazione di condizioni adatte per i microrganismi) e tali proprietà benefiche sono state recentemente utilizzate per il suo impiego come componente di miscele organiche, insieme o in alternativa alla torba, per la crescita e produzione di piante ornamentali in contenitore (Figura 4.4). Similmente al compost, le proprietà fisiche e chimiche del biochar variano a seconda della materia prima originale utilizzata e delle condizioni di pirolisi (temperatura e durata).

Inoltre, la conversione dei residui agricoli e alimentari in biochar rappresenta un metodo alternativo per ridurre le emissioni di CO_2. Infatti, l'uso del biochar come componente del substrato dovrebbe consentire un sequestro del carbonio a lungo termine, poiché può rimanere nei substrati anche per anni, grazie alla sua struttura stabile e alla sua forma policiclica aromatica complessa.

Dalle attività sperimentali condotte negli anni sui substrati di coltivazione dal CREA DC di Palermo è emerso che la fibra di cocco, residuo della lavorazione della noce di cocco, con caratteristiche chimico-fisiche simili a quelle della torba, può essere utilizzata tranquillamente a diverse percentuali, anche alte (50% torba-50% fibra di cocco oppure 40% torba e 60% fibra), senza alcun rischio di danneggiare le piante in vaso (Fascella e Zizzo 2005; Fascella et al. 2007; Fascella et al. 2009).

Maggiore attenzione, invece, occorre porre quando si utilizzano altri componenti quali il compost o il biochar, producibili all'interno di aziende agro-alimentari o agro-industriali, a causa delle loro particolari peculiarità chimiche (pH e salinità elevate). Per entrambi i materiali di origine vegetale, l'ideale sarebbe utilizzare delle miscele composte da 75% torba-25% compost oppure 75% torba-25% biochar. Percentuali superiori al 25%, sia di compost che di biochar, nel substrato hanno fornito risultati non soddisfacenti sia in termini di crescita e sviluppo delle piante (più tardiva o addirittura stentata) che di qualità (ridotto effetto estetico, minor quantità di fiori e di bacche, periodo di fioritura più corto, ecc.). La miscela deve essere opportunamente preparata, rispettando le dosi di ciascun componente e aggiungendo (qualora non si disponesse di impianto di fertirrigazione) un concime granulare completo a lenta cessione (Fascella et al. 2017).

È stato, comunque, notato che alcune rose in vaso sembrano essere in grado di tollerare anche alte concentrazioni (50%) di compost o biochar, nel senso che nei primi mesi mostrano una crescita stentata e clorosi diffuse ma, successivamente, paiono adattarsi a queste condizioni non ottimali, riprendendo lentamente il loro sviluppo e l'attività vegeto-produttiva.

4.1.3 Condizioni ambientali di crescita (luce, temperatura e umidità)

Le piante in vaso dovrebbero essere collocate in una serra-tunnel o almeno sotto rete ombreggiante (al 30% o al 50% di riduzione dell'intensità luminosa), soprattutto nelle regioni meridionali, a causa dell'intensa radiazione solare e dell'elevata temperatura del periodo estivo. L'apprestamento protettivo può infatti contribuire, oltre a ridurre i danni da gelate tardive, a limitare le perdite di acqua dovuta all'evapotraspirazione delle piante e ad evitare le scottature alle foglie (Fascella 2009).

La temperatura ideale per la fioritura delle rose è compresa fra i 15 e i 25 °C. Al di sotto di tali valori, la pianta può formare fiori con numerosissimi petali oppure si possono formare germogli "ciechi", senza gemma a fiore (dunque senza formazione di boccioli floreali), mentre oltre i 25 °C i fiori risulteranno più piccoli e la vegetazione rallentata; oltre i 35 °C si può verificare la caduta delle foglie, boccioli ustionati, fiori di colore pallido. Pertanto, è necessario, in questi casi estremi, garantire che l'apprestamento protettivo sia arieggiato, ombreggiato e che le piante vengano adeguatamente umettate. La gestione del microclima all'interno della serra è estremamente importante anche ai fini della difesa delle piante in quanto il verificarsi di temperature molto alte, associate all'alto o al basso tasso di umidità, potrebbe favorire l'insorgenza di alcune avversità fungine ed entomologiche (Salamone et al. 2009).

4.1.4 Irrigazione

Le rose coltivate in vaso hanno bisogno di una maggiore attenzione per l'irrigazione rispetto alle rose coltivate in piena terra. Occorre, dunque, accortezza e raziocinio nel definire importanti parametri quali la modalità irrigua, gli intervalli di irrigazione e i quantitativi di acqua da apportare.

Il modo migliore per irrigare le rose in vaso è attraverso un impianto localizzato a microportata (goccia), con erogatore inserito sul substrato; in tal modo, si umetta la zona interessata dallo sviluppo radicale e, contemporaneamente, si evita di bagnare le foglie riducendo, di conseguenza, la possibilità di favorire l'insorgenza di malattie crittogamiche. Inoltre, l'irrigazione a goccia non compatta e non smuove il substrato: l'acqua nei vasi deve essere fornita con la minore pressione possibile, al fine di non smuovere il substrato alla base delle piante e non disturbare l'apparato radicale.

Il momento migliore per irrigare le rose coltivate nei vasi è quando la temperatura del vaso è uguale alla temperatura dell'acqua che viene utilizzata.

Gli intervalli irrigui dipendono dal tipo di substrato utilizzato e dalla temperatura esterna. Più il substrato è drenante, più gli intervalli devono essere brevi. La regola è di ripetere l'irrigazione quando il substrato inizia ad asciugarsi. In questo modo si evitano i ristagni idrici e si permette all'apparato radicale di esplorare tutto il vaso alla ricerca di acqua, quindi di svilupparsi e rafforzarsi.

La quantità di acqua da somministrare per ogni irrigazione deve essere tale da bagnare completamente tutto il substrato presente nel vaso, senza lasciare zone asciutte, in questo modo l'apparato radicale della pianta si svilupperà all'interno di tutto il vaso.

Per quanto riguarda l'approvvigionamento idrico (e minerale), l'ideale sarebbe di disporre di un sistema fertirriguo centralizzato, anche piccolo, in grado di poter programmare una serie di interventi irrigui in funzione delle condizioni climatiche dell'ambiente di coltivazione o, ancora meglio, del grado di umidità del substrato di coltivazione (misurato con appositi sensori collegati all'impianto di fertirrigazione).

Soprattutto in serra, dove in estate si registrano temperature molto alte e un tasso di umidità relativa molto basso, occorre porre particolare attenzione ai quantitativi di acqua da somministrare alle piante e, quindi, alla durata e alla frequenza dei singoli interventi irrigui. Ad esempio, in molte aree del Mediterraneo meridionale, come la Sicilia, i sistemi di irrigazione si basano spesso su criteri personali e soggettivi, non oggettivi, con conseguente gestione inadeguata dell'approvvigionamento idrico e nutritivo delle piante. Questi problemi sono più frequenti quando

4.1 Coltivazione fuori suolo di rose selvatiche siciliane

i metodi di gestione dell'irrigazione non considerano la misurazione dei parametri ambientali della serra (temperatura dell'aria, radiazione solare, deficit di pressione di vapore) ma solo gli aspetti agronomici (crescita delle piante e fasi fenologiche).

In una prova condotta dal CREA DC di Palermo per la valutazione di diverse strategie di irrigazione sulla resa e sulla qualità delle rose fuori suolo coltivate in serra, sono stati confrontati quattro metodi di irrigazione controllata basati su parametri climatici (radiazione solare integrata, temperatura dell'aria in serra, umidità relativa dell'aria interna, programmazione ad orologio).

I dati sperimentali raccolti hanno mostrato che il sistema di irrigazione basato sulla radiazione solare (eseguito al raggiungimento di una quantità preimpostata di radiazione cumulativa, misurata da un solarimetro) è risultato il criterio più oggettivo ed efficace, in quanto, anche quando era più restrittivo con l'apporto idrico, non limitava la crescita delle piante né la produzione o la qualità dei fiori (Fascella et al. 2010).

L'irrigazione con orologio (a tempo) e quelle basate sulla temperatura dell'aria della serra e sull'umidità sono state meno efficaci per le rose senza suolo in Sicilia in quanto hanno fornito quantità di acqua non necessarie alle piante, con conseguente minore utilizzo di questa importante risorsa e minore efficienza del consumo idrico. Sebbene l'irrigazione con temporizzatore sia il metodo più semplice e tradizionale, può causare un deficit (secchezza delle radici) o un surplus (troppa umidità) dell'apporto idrico con conseguente squilibrio della pianta.

Una volta appurato che la gestione più oculata era quella basata sulla radiazione solare, è stata successivamente condotta un'altra prova, presso il CREA DC di Palermo, su piante di rose fuori suolo sottoposte a riduzione degli apporti idrici con l'obiettivo di valutare gli effetti di diversi regimi di irrigazione sulla resa e sulla qualità. Sono stati confrontati tre regimi irrigui (alto, ovvero 1,3 L/pianta/giorno, intermedio: 0,8 L/pianta/giorno e basso: 0,6 L/pianta/giorno). I tre regimi irrigui in prova non hanno mostrato differenze nella produzione di fiori ma differivano significativamente nell'efficienza dell'uso dell'acqua, poiché le piante coltivate con un basso apporto idrico mostravano una WUE più elevata rispetto a quelle coltivate con un apporto idrico intermedio e più elevato.

Pertanto, i risultati ottenuti hanno mostrato che regimi irrigui più contenuti sono più efficaci (minor consumo idrico e WUE più alta) per le colture di rose fuori suolo, poiché non si sono riscontrate differenze sia nella resa che nella qualità dei fiori con regimi irrigui più elevati (Fascella et al. 2015).

L'assenza di effetti negativi su resa e qualità delle piante con bassi regimi irrigui potrebbe essere collegata alla capacità delle rose di adattarsi a un approvvigionamento idrico limitato. Un regime irriguo contenuto sembra essere indicato per una gestione in serra low-input per la produzione di rose nelle aree del Mediterraneo meridionale come la Sicilia, in quanto consente un risparmio di acqua ed energia, riducendo l'inquinamento del suolo e i costi di produzione.

Attualmente, esistono in commercio diversi sensori per la determinazione dell'umidità del substrato che differiscono principalmente per la variabile misurata e per il metodo applicato per la sua misurazione. I tensiometri sono tra i sensori più utilizzati in agricoltura e sono costituiti da un setto poroso di ceramica, collegato attraverso un tubo di vetro (riempito di acqua distillata), a una sonda di pressione a contatto con il substrato. Il passaggio d'acqua dal tensiometro al substrato, e viceversa, è funzione dell'umidità del substrato stesso. Infatti, quando il substrato è asciutto, l'acqua passa dal tensiometro al substrato tramite il setto poroso: il vuoto che si crea all'interno del tubo di vetro determina una depressione che viene visualizzata sul manometro o registrata dal sensore di pressione e dà un segnale al fertirrigatore per avviare l'intervento irriguo. Al contrario, quando il terreno è umido, il vuoto all'interno dello strumento richiama acqua fino al suo riempimento e viene inviato un segnale al fertirrigatore per fermare l'irrigazione. Valori di potenziale idrico alti (più negativi) indicano livelli di umidità del substrato elevati, al contrario più i valori scendono, più il substrato sarà asciutto.

Anche il CREA DC ha condotto studi sull'utilizzo dei tensiometri per gestire l'irrigazione delle piante in vaso in base al contenuto di umidità del substrato (Fascella et al. 2011). Sono stati confrontati due regimi irrigui, uno basato su valori molto vicini alla capacità del contenitore (quindi con irrigazioni frequenti ed un substrato sempre abbastanza umido) e l'altro basato su valori più distanti dalla capacità del contenitore (quindi con irrigazioni meno frequenti ed un substrato più asciutto). Ai due valori soglia con cui erano impostati i tensiometri per l'avvio dell'irrigazione (10 kPa per la tesi "controllo" ben irrigata e 30 kPa per la tesi con leggero deficit idrico) corrispondevano due diversi apporti idrici giornalieri: rispettivamente 1,6 e 1,0 L/pianta/giorno. Dallo studio effettuato è emerso che le risposte quali-quantitative delle piante erano molto simili, indicando che spesso un'irrigazione più contenuta può essere più performante (in funzione dell'età della pianta, della dimensione del contenitore e del tipo di substrato) rispetto ad una più abbondante, con contemporaneo risparmio di acqua e nutrienti.

Poiché la rosa è un arbusto legnoso, è importante non eccedere con le irrigazioni, le quali di regola devono essere frequenti, più che abbondanti. E', infatti, fondamentale, che venga mantenuta un'umidità costante del substrato, evitando gli sbalzi tra siccità ed eccesso di acqua vicino alle radici, per prevenire fenomeni di ristagno idrico o stress da carenza idrica. Per i rosai coltivati in vaso, infatti, considerato il limitato volume del substrato e il ridotto sviluppo dell'apparato radicale, è consigliabile (in funzione del tipo di substrato) garantire sempre e comunque un adeguato e costante approvvigionamento idrico alle piante nei periodi caldi, soprattutto negli ambienti meridionali (Fascella et al. 2010).

Disponendo di un impianto computerizzato di fertirrigazione, è possibile programmare un numero di interventi irrigui, di pochi minuti ciascuno, variabile con il periodo dell'anno (da un minimo di 2–3 irrigazioni al giorno in inverno ad un massimo di 7–8 interventi giornalieri in estate) (Fascella et al. 2015).

È altresì importante anche la temperatura dell'acqua, che in inverno non deve essere troppo fredda né troppo calda in estate, per evitare di danneggiare i tessuti della pianta.

L'eccesso di umidità a livello delle ramificazioni più basse e delle foglie basali, tipico delle bagnature serali nel periodo autunnale ed in quello primaverile, può favorire la comparsa di malattie fungine. La permanenza di una pellicola d'acqua sulle foglie favorisce, infatti, l'insorgere di muffe, in particolare Botrytis e Peronospora, in grado di compromettere successivamente le aperture dei germogli e dei boccioli. Se non si dispone di un sistema di fertirrigazione, l'alternativa è rappresentata dall'irrigazione manuale per la quale occorre porre particolare attenzione alla bagnatura delle piante che dovrebbe essere frequente e costante soprattutto nel periodo estivo e nelle zone meridionali. La mancanza di un adeguato umettamento dei vasi, infatti, a causa del circoscritto volume del substrato e del limitato sviluppo dell'apparato radicale, potrebbe causare degli stress idrici alle piante con conseguente riduzione dell'attività vegetativa e della fioritura. Nei casi più gravi, la carenza idrica potrebbe determinare anche l'avvizzimento delle piante in vaso.

Un utile accorgimento potrebbe essere quello di realizzare una pacciamatura all'altezza del fusto principale della pianta durante l'estate, ricoprendo l'intera superficie del vaso con materiale di varia natura (paglia, corteccia) per ridurre il fenomeno evapotraspirativo, mantenere il substrato più umido e contenere lo sviluppo delle malerbe.

4.1.5 Fertilizzazione

Per le rose coltivate in vaso è necessario effettuare la concimazione, in aggiunta a quella granulare di base inclusa durante la preparazione del substrato, almeno una volta al mese nel periodo vegetativo tranne nei mesi estivi, utilizzando un buon concime ternario a lenta cessione. Gli elementi maggiormente richiesti dalle piante sono l'azoto (che stimola la crescita di rami e foglie, anche se l'eccesso rende le piante suscettibili alle fitopatie), il potassio (irrobustisce la pianta e induce una maggior intensità del colore del fiore) e il fosforo (favorisce la fioritura e aumenta il profumo dei boccioli, ma l'eccesso può provocare clorosi fogliare e inibizione dell'assunzione di altri elementi), seguiti dal calcio e dal magnesio e dai microelementi.

Altrettanto importanti sono i microelementi, in particolare il ferro, ma anche il rame e lo zinco, per la pigmentazione di foglie, fiori e bacche. Come concimazione di base nel substrato iniziale si utilizzano concimi complessi alla dose di 1,5–2 kg/m^3. La carenza di alcuni elementi nutritivi, sia macro che microelementi, può determinare una crescita stentata delle piante e/o una decolorazione delle foglie che appariranno clorotiche e che ridurranno l'attività fotosintetica. Gli squilibri nutrizionali possono causare una drastica riduzione della fioritura (nei casi più gravi anche una mancata induzione a fiore delle gemme) e, di conseguenza, della fruttificazione (allegagione dei cinorrodi) (Fascella et al. 2010).

Se si dispone di impianto di fertirrigazione, è possibile effettuare la forzatura delle piante (al fine di avere una fioritura anticipata e di maggior durata, corrispondente ad una maggior allegagione delle bacche e ad una prolungata permanenza sulla pianta) durante la quale si somministra una soluzione nutritiva in grado di fornire dosi pari a circa 1,5–2 grammi/litro a settimana o 0,5–1 grammo/litro in maniera continua di fertilizzanti completi di macro e microelementi, con prevalenza di azoto nelle prime fasi di sviluppo e crescita delle piante, e di potassio in prossimità del periodo di fioritura.

La composizione di una soluzione nutritiva completa da distribuire periodicamente mediante sistema fertirriguo, con un numero di interventi variabili con la stagione (vedi paragrafo sull'irrigazione) e mediante un erogatore per pianta della portata di 2 l/h, potrebbe essere la seguente (mg/L): 180 N totale, 50 P, 200 K, 120 Ca, 30 Mg, 1,2 Fe, 0,2 Cu, 0,2 Zn, 0,3 Mn, 0,2 B con una conducibilità elettrica (EC) di 1,8 dS/m ed un pH compreso tra 5,8 e 6,1 (Fascella et al. 2015).

La pressoché costante somministrazione di acqua ed elementi nutritivi, tramite sistema fertirriguo può determinare, in alcune annate, anche in funzione dell'andamento climatico stagionale, una seconda fioritura delle piante tra fine estate ed inizio autunno, in concomitanza con la fruttificazione autunnale. Ciò può determinare la contemporanea presenza, sulla pianta, di fiori e di frutti che, oltre a incrementare notevolmente l'effetto decorativo delle stesse, può garantire una maggiore e più prolungata produzione di bacche.

4.1.6 Crescita delle piante e qualità

Come accennato in precedenza, l'utilizzo di determinate concentrazioni di componenti del substrato di coltivazione (50–60% di fibra di cocco oppure 25% di compost oppure 25% di biochar), in miscela con la torba, hanno permesso di ottenere soddisfacenti performance quali-quantitative delle piante in vaso, sia se destinate all'attività vivaistica (produzione di piante da vendere una volta raggiunte le dimensioni commerciali, ossia pochi mesi dopo l'impianto) sia se destinate alla produzione dei cinorrodi per scopi alimentari e farmacologici (ottenibile 2–3 anni dopo la messa a coltura).

I valori, ad esempio, di altezza finale delle piante, il numero di ramificazioni laterali, il numero di foglie, di fiori e di frutti, la lunghezza delle radici, il peso fresco e secco dell'intera pianta (produzione di biomassa) e l'effetto estetico complessivo delle piante erano molto simili, utilizzando le sopracitate percentuali di substrato, a quelli ottenuti quando le rose venivano coltivate con il substrato costituito da 100% torba.

In particolare, le piante allevate con sola torba così come quelle allevate con 50% torba e 50% di fibra di cocco e quelle con 75% torba e 25% compost (o biochar), hanno raggiunto un'altezza finale di 70–80 cm, presentavano tra le 80 e 100 foglie, una quindicina di fiori ciascuna, un apparato radicale lungo 40–50 cm ed un peso secco totale di circa 50–60 g cadauna.

Anche gli aspetti qualitativi come il colore delle foglie e dei fiori, così come i parametri fisiologici quali il contenuto in clorofilla delle foglie e l'attività fotosintetica erano equivalenti a quelli registrati su piante allevate con sola torba (Figura 4.5). Percentuali superiori al 25%, sia di compost che di biochar, nel substrato hanno fatto rilevare un generale decremento dei valori di tutti i parametri considerati, indicanti un peggioramento dello stato di salute delle piante.

Figura 4.5 Effetti dell'irrigazione e della fertilizzazione su foglie e fiori di *Rosa canina*

Dunque, la definizione di protocolli colturali che prevedono l'impiego di alcuni materiali di scarto delle produzioni agricole, nelle dosi opportune, può contribuire alla riduzione di risorse ambientali non rinnovabili (come la torba) e dei costi aziendali per il loro acquisto e trasporto e alla contemporanea valorizzazione dei sottoprodotti dell'industria agro-alimentare mediante il loro riutilizzo per le attività vivaistiche e per la nutraceutica.

4.1.7 Raccolta di cinorrodi

Le rose producono i loro piccoli frutti (bacche o cinorrodi) a partire dal secondo anno di età della pianta, sia se allevata in suolo che in vaso. La loro allegagione avviene, ovviamente, a fine fioritura, solitamente in estate (in funzione della specie e della zona di coltivazione). L'invaiatura, invece, si ha in autunno. Durante il processo di maturazione, i cinorrodi assumono colorazioni diverse, in funzione dello stadio in cui si trovano, che va dal verde dell'inizio allegagione, al giallo, per poi passare all'arancione (invaiatura) e infine a differenti gradazioni di rosso. La raccolta, resa difficoltosa dalle spine, si esegue manualmente nel periodo autunnale (da ottobre a dicembre) quando i cinorrodi sono pienamente maturi (di colore rosso intenso, ottimo indicatore del momento più opportuno per effettuare la raccolta) anche se, nelle aree meridionali come la Sicilia, è possibile raccoglierli già a fine estate (settembre).

I cinorrodi permangono a lungo sulla pianta, a volte anche per mesi (Figure 4.6, 4.7 e 4.8). La loro caratteristica principale è l'altissimo contenuto di vitamina C: 100 grammi di cinorrodi ne contengono quanto un chilo di agrumi. Ovviamente, a parità di età, una pianta in vaso (per le già citate dimensioni del contenitore e della radice) produrrà meno cinorrodi di una allevata in piena terra (che raggiungerà sicuramente un maggiore sviluppo sia della parte aerea che di quella radicale) ma, l'ausilio di un impianto di fertirrigazione a supporto della coltivazione in fuori suolo può sensibilmente contribuire a ridurre tali differenze ed a garantire una costanza di produzione che, di solito, le piante messe a dimora su terreno assicurano.

Figura 4.6 Effetti dell'irrigazione e della fertilizzazione su cinorrodi di *Rosa micrantha*

Figura 4.7 Infruttescenza a corimbo di cinorrodi di *Rosa canina*

Figura 4.8 Cinorrodi di *Rosa sempervirens* in maturazione

La raccolta dei cinorrodi non deve essere effettuata troppo tardivamente, e comunque non oltre l'inizio dell'inverno, perché, nonostante la loro prolungata permanenza sulla pianta, questi falsi frutti tendono a disidratarsi e probabilmente a ridurre il contenuto di alcuni composti bioattivi (come la vitamina C) di cui sono ricchi, con conseguente diminuzione del loro valore nutraceutico. Inoltre, una raccolta tardiva dei cinorrodi, indicata dalla colorazione brunastra degli stessi, ha ripercussioni negative anche sulla moltiplicazione dei semi in quanto, via via che procede il processo di maturazione, aumenta il passaggio delle sostanze inibitrici dalla polpa all'embrione, riducendo così la percentuale di germinabilità del seme.

4.2 Principali fitopatie e difesa della coltura

4.2.1 Afide della rosa (Macrosiphum rosae)

Sintomi: Afide di colore verde chiaro o rosa, facilmente osservabile sui giovani e teneri boccioli, di cui va a ricoprire quasi completamente la superficie esterna; si nutre della linfa della pianta e provoca deformazioni di foglioline e boccioli, impedendone, a volte, la schiusura e bloccandone la crescita.

Principi attivi efficaci: Imidacloprid, Deltametrina, Pymetrozine.

Lotta: Contro l'afide della rosa si possono attuare delle strategie di lotta biologica utilizzando le larve mature di un insetto coccinellide, Harmonia axyridis, le quali sono in grado di divorare fino a 100 afidi al giorno. Le larve si distribuiscono sulle foglie, posizionandole nelle zone di maggiore concentrazione dell'afide.

4.2.2 Tripide della rosa (Frankliniella occidentalis)

Sintomi: presenza di deformazioni delle foglie e delle nervature, bollosità, e, se l'attacco è tardivo, screziature e rotture di colore sui petali dei fiori. Si tratta di insetti di piccole dimensioni, 1,5–2 mm. La larva e l'adulto Frankliniella sono di colore giallo-beige, di difficile rilevamento, perché ha l'abitudine a trovarsi all'interno delle gemme, o sotto la lamina fogliare. E' frequente che si rilevi la presenza dell'insetto solo dopo la comparsa dei sintomi.

Per monitorare la presenza dei tripidi in serra, quando le piante sono coltivate in ambiente protetto, è opportuno posizionare delle trappole cromotropiche di colore azzurro – blu, impregnate di colla, che permettono di attrarre gli insetti e di catturarli, agendo contemporaneamente sia da sistema di lotta che da indicatori dell'entità di infestazione presente in serra e della distribuzione degli insetti nell'ambiente di coltivazione. Una volta accertata la presenza di questi tripidi, occorre trattare con prodotti specifici, poiché il loro ciclo biologico è molto rapido e alla loro comparsa si consiglia di intervenire almeno due volte a intervallo ravvicinato.

Lotta: alla comparsa di pochi individui sulle trappole, si consiglia di intervenire, alternando due o tre tipi di principi attivi, con prodotti a base di piretroidi.

Figura 4.9 Foglie di rosa con sintomi da Oidio

4.2.3 Oidio della rosa (Sphaeroteca pannosa, var. rosae)

Sintomi: Si manifesta con la presenza di una leggera muffa biancastra sulla superficie delle giovani foglioline e dei rametti (Figura 4.9). La sua comparsa è tipicamente primaverile e si protrae, in pieno campo, se non curato, per tutta l'estate. In serra, invece, si può protrarre anche fino all'autunno, soprattutto nelle regioni meridionali. L'oidio colpisce soprattutto giovani germogli e foglioline tenere, depauperandone l'aspetto e la capacità di fotosintesi e bloccando lo sviluppo delle nuove foglie e l'apertura dei boccioli, che appaiono biancastri e deformati. La temperatura ottimale di sviluppo delle muffe è intorno ai 20 °C, con umidità ambientale elevata; contro questo tipo di muffa si utilizzano prodotti a base di zolfo (Salamone et al. 2009).

4.2.4 Ticchiolatura della rosa (Diplocarpon rosae)

Sintomi: Sono rappresentati da macchioline bruno – nerastre con contorno irregolare sulla pagina superiore delle foglie (Figura 4.10). Se non curata per tempo, la malattia provoca, la completa defogliazione nel periodo estivo e, di conseguenza, la mancata fioritura, con un danno estetico notevole. Anche nel caso della ticchiolatura il clima piovoso e le elevate temperature favoriscono ed aggravano la malattia.

Lotta: Prodotti fungicidi a base di rame, efficaci soprattutto come trattamenti preventivi, preferibilmente nel periodo di riposo, hanno una certa efficacia. Un utile sistema di prevenzione consiste nell'eliminazione dei residui vegetali della coltura precedente, nell'applicare una sufficiente distanza di piantagione, in modo da permettere un certo arieggiamento e circolazione d'aria, evitando ristagni ed eccessiva umidità ambientale a livello della chioma.

Figura 4.10 Sintomi di ticchiolatura su foglia di rosa

4.2.5 *Ragnetto rosso (Tetranychus urticae)*

Si tratta appunto di un acaro estremamente piccolo, appena visibile a occhio nudo come una macchia rossastra o verdastra sulle foglie e sugli steli. Trattasi di un parassita polifago che attacca non solo la rosa ma diverse piante ornamentali e ortive, favorito dalle alte temperature tipiche delle coltivazioni in serra dove in poco tempo porta a termine numerose generazioni.

Sintomi: È un acaro che prolifica in particolare nella pagina inferiore delle foglie succhiando la linfa. Le piccole lesioni prodotte da centinaia (o addirittura migliaia) di ragnetti rossi possono causare gravi danni alle piante tramite una riduzione significativa della loro attività fotosintetica, compromettendo seriamente fioritura e fruttificazione. Le sue punture, infatti, provocano, decolorazione, ingiallimenti e aspetto rugginoso della vegetazione (Figura 4.11), presenza di sottili ragnatele, caduta delle foglie e rapido indebolimento della pianta (Fascella et al. 2009).

Figura 4.11 Foglia di rosa con sintomi da Ragnetto rosso

Lotta: L'acaro sviluppa rapidamente forme resistenti ai principi attivi chimici, e quindi la lotta al ragnetto rosso può essere affrontata con degli antiparassitari naturali come prodotti a base di azadiractina (estratta dall'albero di Neem). Ma l'azione più efficace può essere conseguita mediante la lotta biologica impiegando alcuni suoi nemici naturali come alcuni coleotteri coccinellidi e ditteri cecinomidi e tisanotteri ma soprattutto tramite l'uso di un acaro fitoseide come il *Phytoseiulus persimilis* che, nonostante le dimensioni poco più grandi di quelle del ragnetto rosso, svolge un'ottima azione di controllo nei confronti di questo parassita, così come l'utilizzo di spore fungine di *Beauveria bassiana*, associate a bagnature fogliari ma solo su piante in vaso collocate all'aperto, in luoghi arieggiati con condizioni ambientali inibenti la proliferazione dell'acaro.

4.3 Tolleranza ai principali stress abiotici tipici delle aree Mediterranee

Il CREA DC di Palermo, nell'ottica di una maggiore sostenibilità ambientale delle aziende vivaistiche, ha valutato la risposta di Rose siciliane spontanee coltivate in vaso e sottoposte a differenti livelli di stress idrico e salino. Lo stress idrico è stato determinato mediante la riduzione progressiva dei volumi di adacquamento delle piante in vaso. Lo stress salino, invece, è stato indotto tramite somministrazione di acqua irrigua a diversa concentrazione di cloruro di sodio. Entrambe le tipologie di stress abiotico, infatti, sono facilmente riscontabili nei vivai delle aree mediterranee, dove la disponibilità idrica per le piante ornamentali è piuttosto scarsa oppure dove l'acqua destinata all'irrigazione delle piante presenta elevate concentrazioni di elementi minerali e dove non tutte le aziende dispongono di un impianto di osmotizzazione per l'abbattimento della salinità. L'individuazione di genotipi autoctoni di rose tolleranti lo stress idrico e/o salino potrebbe, pertanto, favorire un loro utilizzo nella filiera florovivaistica meridionale come specie mediterranee a basso input in alternativa a quelle tradizionali più esigenti in termini di manutenzione.

4.3.1 Stress idrico

Piante micropropagate di *Rosa canina* e *R. sempervirens* sono state poste, all'interno di una serra non riscaldata, in vasi di polietilene del volume di 4 litri (diametro 18 cm) riempiti con un substrato a base di torba bruna, terra rossa e perlite (2:1:1, v/v/v) arricchito con concime a lenta cessione.

Le piante sono state sottoposte a tre diversi livelli di stress idrico, indotto riducendo la disponibilità di acqua nel substrato ossia facendo variare il numero di interventi irrigui settimanali: 1, 2 e 3 irrigazioni/settimana. Ad ogni intervento veniva somministrato lo stesso quantitativo di acqua per pianta (400 mL), raggiungendo pertanto tre volumi irrigui totali (1200, 800 e 400 mL/settimana) per altrettanti livelli di stress (basso, medio e alto).

Quattro mesi dopo l'avvio della prova, sono stati rilevati i parametri biomorfologici (altezza della pianta, numero di ramificazioni laterali/pianta, area fogliare, numero e lunghezza delle radici), produttivi (peso fresco e secco della pianta intera, ripartizione della sostanza secca in rami, foglie e radici) ed eco-fisiologici (contenuto in clorofilla, fotosintesi netta ed altri scambi gassosi, efficienza del consumo idrico, potenziale idrico dello stelo, contenuto idrico relativo delle foglie) delle piante da destinare alla vendita diretta (Fascella et al. 2023).

La prova di coltivazione in vaso in condizioni di stress idrico ha messo in evidenza come la risposta delle piante alla pressione ambientale sia influenzata sia dal livello di stress abiotico applicato che dalle caratteristiche genetiche delle specie. In generale, si è evinto che all'aumentare del grado di stress idrico diminuisca l'accrescimento vegetativo della pianta, sia a livello di chioma fogliare che di apparato radicale per entrambe le specie considerate.

In particolare, lo stress idrico (cioè riduzione dei volumi irrigui) ha influenzato significativamente la crescita delle piante di rose in vaso, poiché sono stati registrati valori decrescenti dell'altezza delle piante su entrambe le specie all'aumentare del livello di stress (Tabella 4.1). Anche il numero di rami per pianta è stato influenzato negativamente dallo stress idrico, poiché sono stati registrati valori più elevati in condizioni di minore stress e valori più bassi in condizioni di maggiore stress (Tabella 4.1). Allo stesso modo, l'area fogliare di entrambe le specie si è progressivamente ridotta all'aumentare del livello di stress. Anche il numero di radici per pianta è diminuito al diminuire del volume irriguo. Lo stress idrico ha influenzato negativamente la lunghezza massima delle radici delle piante di *Rosa canina*, ma non quella delle piante di *R. sempervirens* (Tabella 4.1), indicando un effetto del genotipo sulla tolleranza a questo tipo di stress abiotico. La produzione di biomassa è stata influenzata negativamente dallo stress idrico, in quanto è stato registrato un trend decrescente insieme all'aumento del livello di stress. Il rapporto radice-chioma è stato ridotto dallo stress idrico solo nelle piante di *R. canina*, ma non in quelle di *R. sempervirens* (Tabella 4.1).

Tabella 4.1 Effetto del livello di stress idrico su crescita, caratteristiche morfologiche e produzione di biomassa di *Rosa canina* e *R. sempervirens*

Specie	Livello di stress	Altezza pianta (cm)	Rami (n./pianta)	Area fogliare (cm²)	Radici (n./pianta)	Lunghezza radici (cm)	Peso secco pianta (g)	Rapporto radice/chioma
Rosa canina	Basso	52,0	4,5	557,2	33,3	14,5	25,6	1,45
	Medio	49,7	2,9	456,6	31,0	9,2	19,4	1,16
	Alto	30,6	1,8	347,4	20,5	5,9	9,3	0,78
R. sempervirens	Basso	136,0	4,8	498,0	34,6	7,7	20,7	0,45
	Medio	105,0	3,6	430,2	32,0	7,4	12,8	0,42
	Alto	66,5	3,0	212,6	28,4	6,3	8,5	0,57

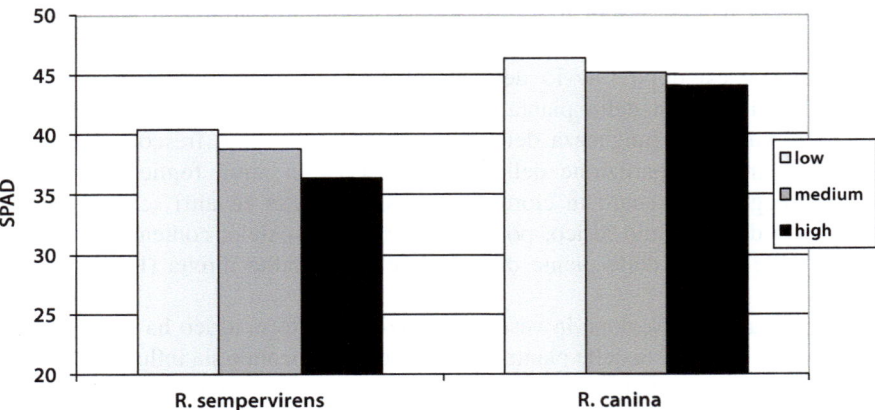

Figura 4.12 Effetto del livello di stress idrico sull'indice SPAD delle foglie di *Rosa sempervirens* e *R. canina* in vaso

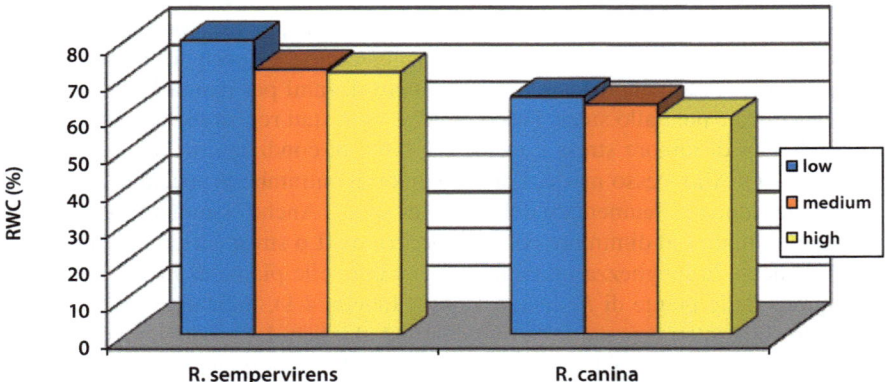

Figura 4.13 Effetto del livello di stress idrico sul contenuto idrico relativo (RWC) delle foglie di *Rosa sempervirens* e *R. canina* in vaso

Sembra che lo stress idrico non abbia influenzato il contenuto relativo di clorofilla delle foglie, con un valore medio di indice SPAD attestatosi intorno a 42 indipendentemente dal livello di stress applicato (Figura 4.12). Tra le due specie in prova, la *Rosa canina* ha fatto registrare valori di SPAD più elevati rispetto alla *R. sempervirens*. Un valore più elevato di SPAD indica un maggior contenuto di clorofilla e, quindi, migliori condizioni nutrizionali delle foglie.

Il contenuto idrico relativo (RWC) delle foglie è variato poco al variare dell'intensità dello stress idrico, attestandosi intorno al 68% (Figura 4.13). Le due specie in prova hanno mostrato differenze significative per questo parametro, con la *Rosa sempervirens* che ha fatto registrare valori superiori rispetto a *R. canina*.

Tabella 4.2 Effetto del livello di stress idrico su efficienza del consumo idrico (WUE) e scambi gassosi nelle foglie di *Rosa sempervirens* e *R. canina* in vaso

Specie	Livello di stress	WUE (g/L)	Fotos. (μmol/m^2/sec)	Cond. stom (mmol/m^2/sec)	Trasp. (mmol/m^2/sec)
Rosa canina	Basso	1,73	14,1	36,3	0,75
	Medio	1,93	12,0	12,2	0,42
	Alto	1,85	10,2	4,5	0,14
R. sempervirens	Basso	1,28	15,4	55,6	0,66
	Medio	1,18	12,3	31,1	0,48
	Alto	1,50	9,8	16,5	0,10

L'efficienza dell'uso dell'acqua non è stata influenzata dal grado di stress idrico, è stato infatti registrato un valore medio di 1,6 g/L indipendentemente dalla quantità di acqua somministrata alle piante durante ogni irrigazione (Tabella 4.2). Le due specie in prova hanno evidenziato una diversa WUE, con la *Rosa canina* che ha fatto rilevare un'efficienza maggiore rispetto alla *R. sempervirens*.

Per quanto riguarda gli scambi gassosi delle foglie, la fotosintesi netta (Fotos.) è diminuita all'aumentare del livello di stress in entrambe le specie, che hanno mostrato valori medi molto simili (Tabella 4.2). Analogamente, la conduttanza stomatica fogliare (Cond. Stom.) si è ridotta con l'aumentare del livello di stress sia su *Rosa canina* che su *R. sempervirens*, con le due specie che stavolta hanno mostrato valori medi diversi. La traspirazione fogliare (Trasp.) ha evidenziato un andamento decrescente parallelamente all'aumento del livello di stress, ma senza differenze significative tra le due specie di rose (Tabella 4.2).

I risultati della prova di coltivazione in vaso con irrigazione deficitaria sembrano indicare che la risposta delle rose selvatiche allo stress idrico è influenzata sia dai volumi irrigui che dalla specie. In particolare, l'aumento del livello di stress, ovvero la riduzione del volume irriguo, corrisponde ad una diminuzione della crescita della pianta, a livello di chioma e delle radici, delle attività fisiologiche per entrambe le specie, anche se *Rosa sempervirens* ha mostrato una diminuzione inferiore di alcuni parametri. Un'irrigazione moderatamente deficitaria (ad esempio un volume irriguo di 800 ml/pianta a settimana) potrebbe essere un compromesso accettabile tra risparmio idrico e qualità della pianta (Fascella et al. 2023).

Nel confronto tra le due specie, la *Rosa sempervirens* sembra quella maggiormente tollerante la carenza idrica rispetto a *R. canina*, probabilmente a causa del suo habitus vegetativo procombente e della minore dimensione delle foglie che sono risultate anche più coriacee a confronto con quelle dell'altra specie.

Inoltre, i risultati attuali potrebbero fornire indicazioni utili ai nostri coltivatori: la selezione di rose autoctone siciliane moderatamente tolleranti alla siccità potrebbe consentirne l'impiego a scopo ornamentale e paesaggistico nelle aree del Mediterraneo meridionale, dove i vivai sono spesso caratterizzati da una scarsa disponibilità idrica.

4.3.2 Stress salino

Il test di tolleranza allo stress salino è stato svolto nelle stesse condizioni ambientali e di coltivazione (vaso rimpieto con substrati), e con la stessa durata (4 mesi) e le medesime specie, di quello effettuato nei confronti dello stress idrico.

Le piante sono state sottoposte a tre differenti livelli di stress salino, indotto tramite somministrazione di acqua irrigua con diverso contenuto (0–2,3 e 4,6 g/L) di cloruro di sodio (NaCl). Le piante sono state sottoposte ad un unico regime irriguo (1500 mL totali distribuiti in 3 interventi a settimana) in modo tale da non determinare condizioni di stress idrico. Sono stati rilevati gli stessi parametri bio-morfologici, produttivi ed eco-fisiologici delle piante.

La prova di coltivazione di Rose in vaso in condizioni di stress salino ha evidenziato come la risposta bio-morfologica ed eco-fisiologica delle piante alla pressione ambientale sia influenzata sia dal livello di stress abiotico applicato che dal genotipo utilizzato. In generale, è emerso che all'aumentare dell'intensità dello stress salino diminuisca la crescita e lo sviluppo delle piante, sia a livello di chioma fogliare che di apparato radicale per entrambe le specie considerate.

Il grado di stress salino ha parzialmente influenzato il contenuto di clorofilla delle foglie, determinando un leggero decremento dell'indice SPAD all'aumentare della concentrazione di NaCl in ciascuna delle specie esaminate.

Anche in questo caso, è possibile affermare che le rose siciliane autoctone possono tollerare uno stress salino moderato (2,3 g/L di NaCl nell'acqua di irrigazione) almeno per i primi due mesi di coltivazione e che se, ad esempio, nell'azienda vivaistica dovesse verificarsi un improvviso problema di elevata salinità del substrato o dell'impianto irriguo, l'impiego di genotipi locali potrebbe garantire la sopravvivenza delle piante in vaso (Fascella et al. 2023).

Riferimenti bibliografici

Fascella G (2009) Long-term culture of cut rose plants in perlite-based substrates. In: Zlesak DC (ed) Roses. Floriculture and Ornamental Biotechnology 3 (Special Issue 1), pp 111–116

Fascella G (2015) Growing substrates alternative to peat for ornamental plants. In: Asaduzzaman M (ed) Soilless culture – Use of substrates for the production of quality horticultural crops. InTech, Rijeka, pp 47–68

Fascella G, Zizzo GV (2005) Effect of growing media on yield and quality of soilless cultivated rose. Acta Hortic 697:133–138

Fascella G, Zizzo GV, Agnello S (2007) Evaluating the productivity of red rose cultivars in soilless culture. Acta Hortic 751:99–105

Fascella G, Agnello S, Salamone A, Zizzo GV (2009) Crop response of greenhouse rose plants in Sicily: effects of growing systems, substrates and natural products. Acta Hortic 807:669–674

Fascella G, Agnello S, Maggiore P, Zizzo G, Guarino L (2010) Effect of controlled irrigation methods using climatic parameters on yield and quality of hydroponic cut roses. Acta Hortic 870:65–72

Fascella G, Maggiore P, Demma CM, Zizzo GV (2011) Growth and flowering response of Euphorbia× lomi Poysean cultivars under two irrigation regimes. Acta Hortic 893:939–943

Fascella G, Gugliuzza G, Mammano M, Maggiore P (2015) Effect of different irrigation regimes on yield and quality of hydroponic cut roses. Acta Hortic 1064:259–263

Fascella G, Mammano MM, D'Angiolillo F, Rouphael Y (2017) Effects of conifers wood biochar as substrate component on ornamental performance, photosynthetic activity and mineral composition of potted Rosa rugosa. J Hortic Sci Biotechnol 93(5):519–528

Fascella G, Mammano MM, Rouphael Y (2023) Induced drought affects morphological and ecophysiological response of Mediterranean wild roses. Acta Hortic 1368:149–154

Salamone A, Scarito G, Camerata Scovazzo G, Fascella G (2009) Control of powdery mildew in cut roses using natural products in the greenhouse. In: Zlesak DC (ed) Roses. Floriculture and Ornamental Biotechnology 3 (Special Issue 1), pp 121–125

Capitolo 5
Caratterizzazione biochimica

Sommario In questo capitolo, si riferisce sull'attività e sui principali risultati ottenuti dal CREA DC di Palermo in riferimento alla caratterizzazione biochimica delle rose selvatiche siciliane. In particolare, vengono descritti e quantificati i composti bioattivi maggiormente presenti nei cinorrodi e nelle foglie di queste specie spontanee. Tali risultati, oltre a rappresentare una base per un futuro utilizzo di queste risorse vegetali nel settore agro-alimentare, confermano che le rose sono una ricchissima fonte di molecole attive ad elevato valore nutraceutico.

5.1 Caratterizzazione fitochimica dei cinorrodi

Come accennato nei precedenti capitoli, le bacche (o cinorrodi) delle rose, sia spontanee che coltivate, sono ricche in composti bioattivi di varia natura e di interesse nutraceutico. Numerose, infatti, sono le ricerche effettuate in diverse parti del mondo e riportanti come nei cinorrodi siano presenti in abbondanza composti biologicamente attivi come antociani, vitamine, pectine e polifenoli (Ercisli 2007; Chrubasik et al. 2008; Barros et al. 2011; Demir et al. 2014; Cunja et al. 2016; Guantario et al. 2023). Queste biomolecole attive hanno un effetto positivo sulla salute umana grazie alle loro spiccate attività antiossidanti (Park et al. 2014).

Per questo motivo, i cinorrodi vengono comunemente considerati, soprattutto in quei Paesi (come la Scandinavia e il Medio Oriente) dove le rose spontanee vengono coltivate in maniera estensiva, una fonte di materie prime (ossia metaboliti secondari di elevato valore nutraceutico) come carotenoidi e acidi fenolici (Andersson et al. 2011). Sebbene i cinorrodi contengano solitamente elevate quantità di composti benefici per la salute, le differenze nelle loro concentrazioni potrebbero essere collegate alla variabilità genetica, oltre che alle condizioni ambientali e alle tecniche di coltivazione.

In collaborazione con Margherita Amenta, Flora Valeria Romeo e Gabriele Ballistreri – CREA OFA Acireale (Italy).

Figura 5.1 Estratti metanolici di cinorrodi per la determinazione dei composti bioattivi

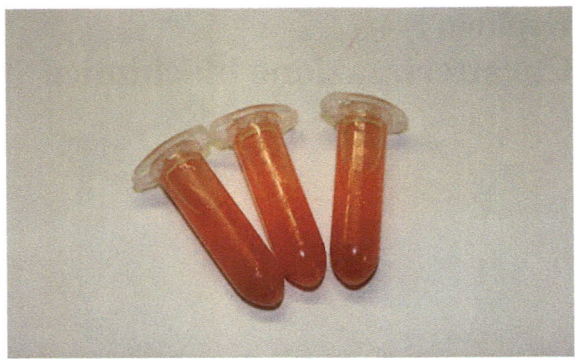

In questo sotto-capitolo vengono descritti i composti maggiormente presenti (acido ascorbico, pigmenti e composti fenolici) e la capacità antiossidante dei cinorrodi di quattro specie di rosa (*Rosa canina*, *R. corymbifera*, *R. micrantha* e *R. sempervirens*) che crescono spontaneamente in Sicilia.

I cinorrodi maturi sono stati raccolti allo stesso stadio di maturazione (colore rosso intenso) in autunno. I campioni sono stati prelevati a diversi livelli della chioma. I cinorrodi sono stati liofilizzati e macinati fino a ottenere una polvere fine. Circa 10 g per ogni campione liofilizzato sono stati estratti per 8 ore in 100 ml di metanolo acquoso all'80% sotto agitazione e a temperatura ambiente. Gli estratti (Figura 5.1) sono stati filtrati e quindi concentrati a 35 °C.

5.1.1 Contenuto in antociani

Il metodo adottato da Cheng e Breen (1991) è stato utilizzato per determinare il contenuto totale di antocianine nei cinorrodi. Dopo l'estrazione in una soluzione di metanolo/HCl (99:1, v/v), i campioni sono stati centrifugati per 20 min a temperatura ambiente. L'assorbanza della soluzione risultante è stata misurata con uno spettrofotometro a 535 nm. La quantificazione è stata determinata sulla base della curva di taratura della cianidina 3-glucoside (CG). I risultati sono stati espressi come mg di CG equivalenti per 100 g di peso secco.

Il maggior contenuto in antocianine è stato rilevato nei cinorrodi di *Rosa canina*, seguiti da quelli di *R. micrantha*; la minore concentrazione di questo pigmento, invece, è stata misurata nelle bacche di *R. corymbifera* (Tabella 5.1). L'influenza del genotipo sul contenuto di antocianine nei cinorrodi è stata confermata nel presente studio, poiché le condizioni climatiche e la tecnica di coltivazione erano le stesse per tutte le specie studiate.

Un'analisi più accurata (tramite cromatografia liquida, HPLC – dati non mostrati) ha rivelato che la cianidina 3-glucoside è la principale antocianina presente nei cinorrodi delle rose spontanee, nota per possedere un effetto di rimozione dei radi-

5.1 Caratterizzazione fitochimica dei cinorrodi

Tabella 5.1 Contenuto in antociani, acido ascorbico, carotenoidi, polifenoli e attività antiossidante di cinorrodi raccolti su rose selvatiche siciliane

Specie	Antociani	Acido ascorbico	Carotenoidi	Polifenoli	Attività antiossidante
	mg CGE/100 g peso secco	mg/100 g peso secco	mg/100 g peso secco	mg GAE/100 g peso secco	µmol TE/g peso secco
R. canina	4,1	515,2	1245,0	6875,6	4560,3
R. corymbifera	0,6	228,3	1081,5	4160,1	2672,6
R. micrantha	3,2	297,5	1072,4	5573,2	3617,2
R. sempervirens	2,0	453,4	1253,6	6142,3	4765,4

cali dell'ossigeno più elevato tra tutte le antocianine, come riportato nella letteratura scientifica (Guimaraes et al. 2013).

5.1.2 Acido ascorbico (vitamina C)

Per determinare il contenuto di vitamina C, un campione di 0,5 g di cinorrodi per ogni specie è stato inizialmente estratto con l'aggiunta di 25 ml di acido metafosforico al 3% per 4 ore al buio e sotto agitazione, e la soluzione risultante è stata filtrata con un filtro a membrana. La quantificazione della concentrazione di acido ascorbico è stata effettuata con un sistema HPLC e di una colonna Phenomenex Luna C18 mantenuta a una temperatura costante di 35 °C. Il solvente di eluizione era l'acido fosforico. I risultati sono stati espressi come mg di acido ascorbico per 100 g di peso secco di cinorrodo.

Il maggior contenuto in vitamina C è stato rilevato nei cinorrodi di *Rosa canina*, seguiti da quelli della *R. sempervirens*; le bacche di *R. micrantha* e *R. corymbifera* hanno invece evidenziato le concentrazioni più basse (Tabella 5.1). L'influenza del genotipo sulla concentrazione di vitamina C nei cinorrodi delle rose siciliane è confermata da altri studi condotti in diversi Paesi.

5.1.3 Carotenoidi

Il metodo descritto da Lichtenthaler (1987) è stato utilizzato per determinare la concentrazione in carotenoidi dei cinorrodi. Circa 200 mg di ogni campione di cinorrodi è stato estratto durante la notte con 5 ml di metanolo puro a 4 °C al buio. Il contenuto in carotenoidi totali è stato espresso come mg di β-carotene per 100 g di peso secco.

Come rilevato per l'acido ascorbico, la più alta concentrazione in carotenoidi è stata osservata nei cinorrodi di *Rosa sempervirens* e *R. canina*, mentre quella più bassa nelle bacche di *R. corymbifera* e *R. micrantha* (Tabella 5.1). Anche per questa classe di composti, l'influenza del genotipo (specie) è stata piuttosto evidente.

5.1.4 Polifenoli

Il contenuto in polifenoli dei cinorrodi è stato determinato utilizzando il test di Folin-Ciocalteu (FC). Dopo aver ottenuto dei primi estratti immergendo i campioni in 25 ml di soluzione acqua/metanolo per 4 ore sotto agitazione, si è proceduto con la loro centrifugazione e con una seconda estrazione aggiungendo altri 25 ml della stessa soluzione per 2 ore. Un'aliquota di 1 ml della soluzione finale è stata miscelata con 5 ml di reagente FC al 10% e aggiunta a 4 ml di Na_2CO_3 al 7,5%. L'assorbanza a 765 nm è stata misurata tramite spettrofotometro dopo 2 ore. L'acido gallico (GA) è stato utilizzato come standard per la curva di taratura e il contenuto in polifenoli totali è stato espresso come mg di equivalenti di GA per 100 g di peso secco di cinorrodo.

Anche per questo gruppo eterogeneo di composti, così come osservato per la vitamina C, la maggior concentrazione di polifenoli totali è stata registrata nei cinorrodi di *Rosa canina*, seguiti da quelli di *R. sempervirens*; su *R. corymbifera*, invece, sono stati misurati i valori più bassi (Tabella 5.1) evidenziando, anche in questo caso, l'influenza del genotipo sul contenuto in composti bioattivi delle bacche.

5.1.5 Attività antiossidante

L'attività antiossidante degli estratti da cinorrodi è stata determinata utilizzando il test della capacità di assorbimento dei radicali dell'ossigeno (ORAC), secondo il protocollo descritto da Amenta et al. (2015). Un'aliquota di 0,5 g di ogni campione in prova è stata estratta a temperatura ambiente con 25 ml di metanolo all'80% contenente 2 mmol/L NaF per 4h sotto agitazione e al riparo dalla luce. Gli estratti sono stati disciolti in una soluzione tampone contenente fosfato (pH 7,4). I risultati sono stati espressi come micromoli di equivalenti Trolox per g di peso secco di cinorrodo.

I valori più elevati di attività antiossidante sono stati osservati nei cinorrodi di *Rosa canina* e *R. sempervirens* (che hanno fatto registrare anche il maggior contenuto in polifenoli totali), mentre le capacità antiossidanti più ridotte sono state rilevate nelle bacche di *R. corymbifera* e *R. micrantha* (Tabella 5.1), caratterizzate da una minore concentrazione in polifenoli. È stata, dunque, osservata una correlazione positiva tra l'attività antiradicale degli estratti da cinorrodi e il loro contenuto in polifenoli totali.

I risultati del nostro studio hanno mostrato una grande variabilità tra le quattro rose spontanee siciliane nelle concentrazioni dei principali composti bioattivi presenti nei loro cinorrodi. In particolare, gli estratti da cinorrodi di *Rosa canina* e *R. sempervirens* hanno fatto registrare i più elevati quantitativi di metaboliti secondari e la maggior attività antiossidante, e possono essere considerati delle potenziali fonti di componenti funzionali da utilizzare a livello commerciale come ingredienti bioattivi nella produzione di alimenti ed integratori con effetti benefici per la salute umana.

5.2 Caratterizzazione fitochimica delle foglie

Figura 5.2 Estratti metanolici delle foglie di rosa per la determinazione dei pigmenti

5.2 Caratterizzazione fitochimica delle foglie

Oltre ai cinorrodi, anche le foglie delle rose contengono composti bioattivi di varia natura e di importanza nutraceutica e salutistica e che possono essere utilizzati per diversi fini (alimentare, cosmetico, medicinale) (Nowak e Gawlik-Dziki 2007; Bıtıs et al. 2008; Ghazghazi et al. 2010 e 2012; Baydar e Baydar 2013; Li et al. 2013; Ouerghemmi et al. 2016).

In questo sotto-capitolo vengono riportati i pigmenti (clorofille, carotenoidi e antociani) e alcuni metaboliti secondari (polifenoli e flavonoidi) maggiormente presenti nonchè la capacità antiossidante delle foglie di quattro specie (*Rosa canina, R. corymbifera, R. micrantha* e *R. sempervirens*) di rosa selvatica siciliana.

Una cinquantina di foglie ben espanse è stata raccolta in primavera da piante allevate in campo appartenenti alle 4 specie sopracitate. Un campione di 200 mg di foglie fresche è stato polverizzato ed omogeneizzato in un mortaio con l'aggiunta di 2 ml di metanolo al 70% (v/v) per facilitarne l'estrazione. Dopo 30 min di conservazione con ghiaccio, gli estratti vegetali (Figura 5.2) sono stati centrifugati a 12.000 rpm per 10 min a temperatura ambiente. Per ciascun campione è stato raccolto il supernatante (estratto metanolico) e successivamente utilizzato per la determinazione dei polifenoli, dei flavonoidi e dell'attività antiossidante.

5.2.1 Pigmenti (clorofille, carotenoidi e antociani)

Il metodo descritto da Lichtenthaler (1987) è stato utilizzato per estrarre e determinare il contenuto di clorofille totali e carotenoidi totali delle foglie. Un campione di 200 mg di foglie fresche è stato estratto durante la notte in 5 ml di metanolo puro a 4 °C al buio. È stata determinata l'assorbanza degli estratti a 665, 652 e 470 nm per via spettrofotometrica. La concentrazione in questi pigmenti fotosintetici è stata espressa come mg/g peso fresco di foglia.

Tabella 5.2 Contenuto in clorofilla e carotenoidi (mg/g PF) e in antociani (mg CC/100 g PF) in estratti metanolici di foglie di rose siciliane spontanee

Specie	Clorofille	Carotenoidi	Antociani
Rosa canina	0,78	22,8	9,2
R. corymbifera	0,96	23,2	9,1
R. micrantha	0,71	23,1	12,2
R. sempervirens	0,91	24,1	10,0

Il metodo utilizzato da Cheng e Breen (1991) è stato adottato per determinare il contenuto totale di antociani delle foglie di rosa. Un campione di 200 mg di foglie fresche è stato estratto in una soluzione di metanolo/acido cloridrico (99/1% v/v) con l'aggiunta di 2/3 di acqua distillata. È stato aggiunto del cloroformio per rimuovere le clorofille. I campioni sono stati miscelati e centrifugati a 12.000 rpm per 20 min a temperatura ambiente. Gli antociani presenti nella fase acquosa sono stati recuperati e il loro assorbimento è stato determinato tramite spettrofotometro a 535 nm. Il cloruro di cianidina a diverse concentrazioni (1–200 μg/ml) è stato utilizzato per il calcolo della curva standard ed il contenuto in antociani è stato espresso come mg CC/100 g di peso fresco.

Il contenuto in pigmenti delle foglie è stato influenzato dal genotipo: in particolare, la maggior concentrazione di clorofille è stata rilevata nelle foglie di *Rosa corymbifera* e *R. sempervirens* (Tabella 5.2). Quest'ultima specie è stata quella che si è contraddistinta, tra le quattro in prova, per il più elevato quantitativo di carotenoidi. Le foglie di *R. micrantha*, invece, sono state quelle che hanno fatto registrare il più alto contenuto in antociani che, insieme ai carotenoidi, svolgono un ruolo fisiologico molto importante in quanto proteggono le foglie dagli stress fotoossidativi schermando i cloroplasti dall'eccesso di radiazione solare e disattivando le specie reattive dell'ossigeno, senza compromettere la fotosintesi.

5.2.2 Polifenoli

Il metodo colorimetrico di Folin-Ciocalteu (FC) (Singleton e Rossi 1965) è stato adottato per determinare il contenuto in polifenoli totali delle foglie di rosa. Gli estratti vegetali sono stati diluiti (1 : 1 v/v) in una soluzione al 70% di metanolo (v/v) metanolo. Una piccola aliquota (0,005 ml) dell'estratto diluito è stata miscelata con il reagente di FC (0,5 ml) e mantenuta per 5 min a temperatura ambiente. Quindi, 0,45 ml di una soluzione di Na_2CO_3 al 7,5% (p/v) sono stati aggiunti alla miscela e lasciati per 2h al buio a 20 °C. L'assorbanza dei campioni è stata misurata a 765 nm. E' stato utilizzato l'acido clorogenico (0,05–0,9 mM) per calcolare la curva standard e il contenuto in polifenoli è stato espresso come mg di equivalenti di acido clorogenico per g di peso fresco di foglia.

Il contenuto totale di polifenoli delle foglie è stato influenzato dal genotipo, in quanto le foglie *Rosa micrantha* hanno mostrato valori più elevati rispetto alle concentrazioni misurate nelle altre specie (Tabella 5.3). Le ampie variazioni nel contenuti totali di polifenoli delle diverse accessioni considerate possono anche essere dovute alla complessità di questo gruppo eterogeneo di composti.

5.2 Caratterizzazione fitochimica delle foglie

Tabella 5.3 Polifenoli (mg CAE/g FW), flavonoidi (mg QE/g FW) e attività antiossidante (IC50 espressa come µg peso fresco/ml) in estratti metanolici di foglie di rose spontanee siciliane

Specie	Polifenoli	Flavonoidi	Attività antiossidante
Rosa canina	41,4	13,9	203,8
R. corymbifera	41,2	20,0	176,3
R. micrantha	55,4	16,0	169,4
R. sempervirens	38,9	15,5	239,0

5.2.3 Flavonoidi

Il metodo colorimetrico di Kim et al. (2003) è stato utilizzato per determinare il contenuto totale di flavonoidi delle foglie di rosa. Per ciascun campione, un'aliquota di 5 µl di estratto metanolico è stata aggiunta ad una soluzione di acqua distillata e nitrito di sodio al 5% (p/v). Dopo l'aggiunta di 500 µl di idrossido di sodio 1M, i campioni sono stati incubati per 15 min e l'assorbanza è stata letta a 415 nm tramite spettrofotometro UV/VIS. La quercetina disciolta in metanolo assoluto (1 : 1, p/v) è stata utilizzata come standard per calcolare la curva di calibrazione ed il contenuto in flavonoidi è stato espresso come mg di quercetina equivalente per g di peso fresco di foglia.

Anche la concentrazione in flavonoidi totali delle foglie, così come quella in polifenoli, è stata influenzata dal genotipo, con la *R. corymbifera* che ha fatto rilevare i valori medi più elevati, rispetto a quelli osservati nelle altre specie (Tabella 5.3).

5.2.4 Attività antiossidante (antiradicale)

Il metodo utilizzato per determinare l'attività di rimozione dei radicali degli estratti di foglie si basa sulla riduzione della soluzione radicalica DPPH (2,2-difenil-1-picril-idrazile) nella forma non radicalica (Brand-Williams et al. 1995). Questa analisi è rapida, sensibile e generalmente utilizzata per lo screening della capacità antiossidante di diversi estratti vegetali (Fenglin et al. 2004) poiché valori IC50 inferiori corrispondono a maggiori attività antiossidanti e viceversa.

Un'aliquota (0,335 ml) di una soluzione metanolica DPPH 0,25 mM (p/v) è stata aggiunta a 0,665 ml del campione a diverse concentrazioni (50–150–250–500 µg/ml) e incubata a temperatura ambiente al buio per 30 min. L'attività è stata misurata come una diminuzione dell'assorbanza a 517 nm. La percentuale di inibizione del radicale DPPH da parte del campione è stata calcolata secondo la formula (Eq. 5.1):

$$\% \; inibizione = \frac{A_{bianco} - A_{campione}}{A_{bianco}} \times 100 \qquad (5.1)$$

dove A_{bianco} è l'assorbanza del DPPH e $A_{campione}$ è l'assorbanza del campione. La concentrazione dell'estratto che fornisce il 50% di attività antiossidante (IC50, espressa come µg peso fresco/ml) è stata calcolata tracciando un grafico della percentuale di inibizione rispetto alla concentrazione dell'estratto.

L'attività antiradicale degli estratti da foglia è stata influenzata dal genotipo poichè i valori più bassi di IC50, corrispondenti ad una maggiore capacità antiossidante, sono stati misurati nelle foglie di *Rosa micrantha*, seguiti da quelli della *R. corymbifera* (Tabella 5.3). I valori di IC50 più alti, ed equivalenti ad una minore azione antiradicale, sono stati riscontrati nelle foglie di *R. canina* e *R. sempervirens*.

I risultati di questo studio sembrano confermare che le foglie di alcune specie siciliane del genere Rosa, in particolare quelle di *R. micrantha*, possono rappresentare una fonte vegetale di biomolecole attive con proprietà antiossidanti, quali gli antociani ed i polifenoli, da utilizzare per la produzione di functional foods e per altre filiere produttive (cosmetica e farmaceutica). Le differenze osservate tra le quattro rose autoctone più diffuse in Sicilia sono molto probabilmente dovute a fattori genetici, poiché le piante di tutte le specie sono state coltivate utilizzando le stesse tecniche di coltivazione e nelle stesse condizioni climatiche.

Riferimenti bibliografici

Amenta M, Ballistreri G, Fabroni S, Romeo FV, Spina A, Rapisarda P (2015) Qualitative and nutraceutical aspects of lemon fruits grown on the mountainsides of the Mount Etna: A first step for a protected designation of origin or protected geographical indication application of the brand name 'Limone dell'Etna'. Food Res Int 74:250–259

Andersson SC, Rumpunen K, Johansson E, Olsson M (2011) Carotenoid content and composition in rose hips (Rosa spp.) during ripening, determination of suitable maturity marker and implications for health promoting food products. Food Chem 128:689–696

Barros L, Carvalho AM, Ferreira IC (2011) Exotic fruits as a source of important phytochemicals: Improving the traditional use of Rosa canina fruits in Portugal. Food Res Int 44(7):2233–2236

Baydar NG, Baydar H (2013) Phenolic compounds, antiradical activity and antioxidant capacity of oil-bearing rose (Rosa damascena Mill.) extracts. Ind Crops Prod 41:375–380

Bıtıs L, Kultur S, Melıkoglu G, Ozsoy N, Can A (2010) Flavonoids and antioxidant activity of Rosa agrestis leaves. Nat Prod Res 24:580–589

Brand-Williams W, Cuvelier ME, Berset C (1995) Use of a free radical method to evaluate antioxidant activity. Food Sci Technol 28:25–30

Cheng GW, Breen PJ (1991) Activity of phenylalanine ammonia-lyase (PAL) and concentrations of anthocyanins and phenolics in developing strawberry fruit. J Am Sociey Hortic Sci 116:865–869

Chrubasik C, Roufogalis BD, Müller-Ladner U, Chrubasik S (2008) A systematic review on the Rosa canina effect and efficacy profiles. Phytother Res 22(6):725–733

Cunja V, Mikulic-Petkovsek M, Weber N, Jakopic J, Zupan A, Veberic R, Stampar F, Schmitzer V (2016) Fresh from the ornamental garden: hips of selected rose cultivars rich in phytonutrients. J Food Science 81(2):369–379

Demir N, Yildiz O, Alpaslan M, Hayaloglu AA (2014) Evaluation of volatiles, phenolic compounds and antioxidant activities of rose hip (Rosa L.) fruits in Turkey. LWT Food Sci Technol 57(1):126–133

Ercisli S (2007) Chemical composition of fruits in some rose (Rosa spp.) species. Food Chem 104(4):1379–1384

Fenglin H, Ruili L, Liang M (2004) Free radical scavenging activity of extracts prepared from fresh leaves of selected Chinese medicinal plants. Fitoterapia 75:14–23

Ghazghazi H, Miguel MG, Hasnaoui B, Sebei H, Ksontini M, Figueiredo AC, Pedro LG, Barroso JG (2010) Phenols, essential oils and carotenoids of Rosa canina from Tunisia and their antioxidant activities. Afr J Biotechnol 9:2709–2716

Ghazghazi H, Miguel MG, Hasnaoui B, Sebei H, Figueiredo AC, Pedro LG, Barroso JG (2012) Leaf essential oil, leaf methanolic extract and rose hips carotenoids from Rosa sempervirens L. growing in North of Tunisia and their antioxidant activities. J Med Plants Res 6:574–579

Guantario B, Nardo N, Fascella G, Ranaldi G, Zinno P, Finamore A, Pastore G, Mammano MM, Baiamonte I, Roselli M (2023) Comparative study of bioactive compounds and biological activities of five rose hip species grown in Sicily. Plants 13(1):53

Guimaraes R, Barros L, Duenas M, Carvalho AM, Queiroz MJRP, Santos-Buelga C, Ferreira ICFR (2013) Characterisation of phenolic compounds in wild fruits from Northeastern Portugal. Food Chem 141:3721–3730

Kim DO, Jeong SW, Lee CY (2003) Antioxidant capacity of phenolic phytochemicals from various cultivars of plums. Food Chem 81(3):321–326

Li JR, Liu J, He DH, Xu HX, Ding LS, Bao WK, Zhou ZQ, Zhou Y (2013) Three new phenolic compounds from the leaves of Rosa sericea. Fitoterap 84:332–337

Lichtenthaler HK (1987) Chlorophylls and carotenoids: pigments of photosynthetic biomembranes. Meth Enzymol 148:350–382

Nowak R, Gawlik-Dziki U (2007) Polyphenols of Rosa L. leaves extracts and their radical scavenging activity. Z Naturforsch 62:32–38

Ouerghemmi S, Sebei H, Siracusa L, Ruberto G, Saija A, Cimino F, Cristani M (2016) Comparative study of phenolic composition and antioxidant activity of leaf extracts from three wild Rosa species grown in different Tunisia regions: Rosa canina L., Rosa moschata Herrm. and Rosa sempervirens L. Ind Crops Prod 94:167–177

Park YS, Namiesnik J, Vearasilp K, Leontowicz H, Leontowicz M, Barasch D, Nemirovski A, Trakhtenberg S, Gorinstein S (2014) Bioactive compounds and the antioxidant capacity in new kiwi fruit cultivars. Food Chem 165:354–361

Singleton VL, Rossi JA (1965) Colorimetry of total phenolics with phosphomolybdic-phosphotungstic acid reagents. Am J Enol Vitic 16:144–158

Capitolo 6
Utilizzo di parti di pianta per la realizzazione di prodotti

Sommario In questo capitolo, vengono descritti i principali utilizzi delle rose nel mondo per la produzione di alimenti e cosmetici grazie alle loro eccelse proprietà nutraceutiche. In particolare, si riferisce di alcuni saggi, eseguiti dal CREA DC di Palermo sulle rose spontanee siciliane, allo scopo di ottenere prodotti da forno, conserve alimentari e liquori utilizzando diverse parti della pianta (cinorrodi e fiori).

6.1 La filiera delle rose selvatiche

In Sicilia, così come negli areali meridionali del bacino del Mediterraneo, le specie spontanee appartenenti al genere Rosa crescono nelle radure, ai margini di boschi e nelle boscaglie degradate; in qualità di arbusto pioniere, inoltre, si trova in pascoli e terreni incolti. Alcune specie possono essere presenti nei giardini come piante di arredo, sia in vaso che in piena terra; la presenza di impianti specializzati di rose ai fini produttivi (bacche e petali) ad oggi è praticamente inesistente a livello regionale (D'Angiolillo et al. 2018; Fascella et al. 2015; Fascella et al. 2019, Guantario et al. 2023). Presso la sede del CREA DC di Palermo è stata allestita una collezione di rose siciliane autoctone, sia in pien'aria che in ambiente protetto, coltivate su terreno ma anche in vaso con substrati di varia natura. Su tale collezione sono stati condotti degli studi ad hoc per valutare i possibili utilizzi delle specie a fini alimentari. Il settore agricolo ed imprenditoriale siciliano, infatti, non conosce o sottovaluta le potenzialità di tali specie per la produzione di cinorrodi e petali, quali materie prime per l'ottenimento di prodotti agroalimentari e nutraceutici.

Il genere Rosa è invece molto utilizzato, sia nel nord Europa che nel Medio Oriente ma anche in Cina e in Giappone, sia come prodotto agroalimentare ma anche come pianta officinale medicamentosa tradizionale (Werlemark 2009).

Negli ultimi decenni, le piante officinali hanno suscitato sempre più interesse, soprattutto nella formulazione di nuovi prodotti nutraceutici ed integratori alimentari. A tal proposito, è importante sottolineare come anche il quadro normativo italiano ed europeo si sia evoluto di pari passo con le tecnologie di produzione, sempre nell'ottica di tutela della salute del consumatore.

In Italia, già dal 2012, aggiornata poi con decreto del Mistero della Salute nel 2018, viene stabilita la "Disciplina dell'impiego negli integratori alimentari di sostanze e preparati vegetali", in cui vi è l'elenco delle sostanze e dei preparati vegetali ammessi all'impiego negli integratori alimentari, riportando nome botanico, parti utilizzate e/o utilizzabili, eventuali avvertenze e altre prescrizioni per la salute.

La *Rosa canina* L. è riportata tra le specie utilizzabili, potendo utilizzarne tutte le parti (foglie, fiori e bacche). Per queste ultime, in particolare, vengono riportati nelle linee guida ministeriali di riferimento gli effetti fisiologici, e quelli come azione di sostegno e ricostituente; gli effetti per la regolarità del transito intestinale, in generale, con attività antiossidante.

Le diverse parti della pianta di Rosa spp. sono utilizzate per l'estrazione dei composti bioattivi e la formulazione di prodotti vari: dalla cosmesi all'erboristico, all'agroalimentare. I petali di rosa, grazie alle sostanze aromatiche contenute negli oli essenziali vengono utilizzati nell'industria farmaceutica dei prodotti dell'igiene e della cura della persona. È ben documentato che gli estratti acquosi di petali di rosa posseggono effetti antinfiammatori e analgesici (Choi e Hwang 2003), antibatterici e antifungini (Anesini e Perez 1993). I petali di rosa, inoltre, sono conosciuti tra i fiori edibili da sempre ed utilizzati come componenti in alimenti sia freschi che trasformati dall'industria dolciaria, confettiera e da quella delle bevande (Girard-Lagorce et al. 2001). Tradizionalmente, in molti Paesi, si utilizzano i petali per la produzione casalinga di rosoli, con petali sia di rose spontanee che coltivate. In anni recenti, anche la ricerca ha posto l'attenzione a tale tipo di materie prime, non solo per le caratteristiche aromatiche e sensoriali, ma anche in considerazione delle sostanze antiossidanti contenuti nei petali colorati (Schimtzer et al. 2019; Fascella et al. 2022).

Da un'indagine di mercato sui cinorrodi, è risultato interessante l'utilizzo di Rosa spp. in prodotti agroalimentari artigianali ed erboristici, diffusi per tradizione soprattutto nel Nord ed Est Europa, in Turchia e in Tunisia, non ancora molto conosciuti ed apprezzati nel nostro territorio regionale. I cinorrodi di Rosa spp. contengono grandi quantità di Vitamina C, carotenoidi, composti fenolici e folati (Olsson et al. 2004). Per le loro caratteristiche, i cinorrodi di diverse specie vengono utilizzate per la produzione di confetture, in purezza o aromatizzate in vario modo. Vengono, inoltre, utilizzati in macerazione per la preparazione di bevande alcoliche e brandy e talora, come nel caso della Rosa canina, vengono anche prodotti vini con rilevante potere antiossidante (Czyzowska et al. 2015). I cinorrodi di R. canina, inoltre, essiccati o disidratati sono diffusi in erboristeria come componenti di tisane e tè.

Tutti i prodotti derivati dalla rosa, soprattutto del settore erboristico ed agroalimentare, si collocano certamente in un mercato di nicchia, sia per la disponibilità del prodotto che per il tipo di consumatore a cui si rivolgono. Esiste, dunque, la possibilità di valorizzare le specie spontanee di rosa del territorio siciliano attraverso la formulazione di prodotti agroalimentari a condizione di offrire una reale proposta di qualità, in termini sensoriali e gustativi, di benessere e di genuinità, di identità con il territorio di provenienza.

In tale ottica di valorizzazione dei prodotti delle rose siciliane, sono state eseguite delle osservazioni su fiori e cinorrodi di diverse specie e in diversi contesti colturali al fine di studiare il materiale ottenuto come materie prime da utilizzare per l'ottenimento di nuovi prodotti agroalimentari.

Sulle specie autoctone presenti in collezione presso il CREA DC di Palermo sono state realizzati degli studi sulla caratterizzazione dei cinorrodi durante il processo di maturazione degli stessi. Sono stati osservati i caratteri bio-morfologici, colorimetrici e biochimici per valutare l'evoluzione delle caratteristiche qualitative dei frutti, in considerazione delle peculiarità delle bacche.

Inoltre, è stato condotto, uno studio sui petali, al fine di valutarne l'impiego per bevande alcoliche aromatizzate. La prova ha voluto porre l'attenzione sulle modalità di utilizzo dei petali freschi ed essiccati, con due diverse tecniche di estrazione dei composti in alcool alimentare.

Infine, è stato possibile effettuare delle prove di preparazione di prodotti agroalimentari – conserve e prodotti di pasticceria – con frutti e petali di specie di rosa. Sono state messe a punto delle ricette, con la preparazione di alcuni prototipi. Attraverso un focus group di assaggio, su questi prodotti è stata ricercata una terminologia idonea a descrivere le caratteristiche sensoriali, di aroma e gusto, ed in generale è stato espresso un primo giudizio sulla gradevolezza dei prodotti preparati.

6.2 Trasformazione dei cinorrodi in prodotti alimentari

Sono state effettuate delle prove di lavorazione dei cinorrodi di *Rosa canina* (Figura 6.1), *R. corymbifera* e *R. micrantha* insieme a dei saggi per l'aromatizzazione dei preparati con i petali di *Rosa rugosa*, una specie non autoctona della flora vascolare siciliana ma che si è naturalizzata facilmente, in pochi anni, nella nostra regione.

I cinorrodi sono stati lavati e privati delle parti verdi. Sulla base delle ricette, delle informazioni ricercate e del materiale disponibile, sono state preparate tre tipologie di prodotti:

- conserva di cinorrodi, con e senza petali
- sciroppo e rosolio di cinorrodi
- liquori a base di petali, freschi ed essiccati, di diverso colore
- biscotti e pasticcini con l'impiego dei preparati a base di Rosa spp.

Di seguito, vengono riportate alcune informazioni sulle preparazioni risultate più interessanti sotto il punto di vista organolettico e sensoriale, così come discusse all'interno del focus group organizzato con il gruppo di lavoro.

Figura 6.1 Cinorrodi Freschi di *Rosa canina*

6.3 Marmellata di cinorrodi

Per la conserva, i frutti sono stati dapprima sbollentati per qualche minuto, abbattuti in acqua e ghiaccio, e quindi passati al setaccio per separare i semi ed i peli dalla polpa.

Sul peso totale dei frutti utilizzati, siamo riusciti ad ottenere circa il 50% di polpa.

La purea è stata pesata e suddivisa in due parti, sia per preparare una confettura non aromatizzata che una aromatizzata con l'aggiunta di petali di Rosa.

Quindi, sono stati dosati gli altri ingredienti sulla base della ricetta scelta (zucchero e pectina). Il procedimento di preparazione è stato di porre sul fuoco in casseruola la miscela, rimescolando continuamente, fino al raggiungimento della temperatura di 105 °C (Figura 6.2).

Figura 6.2 Fasi della cottura dei cinorrodi per la preparazione della marmellata da utilizzare anche per la farcitura di dolcetti

In generale, la consistenza della conserva di cinorrodi è granulosa e collosa, simile a quella di una mela. Durante la cottura, anche il profumo ha rilevato un sentore più dolce di "mela" insieme a quello comunque predominante di "pomodoro".

All'assaggio, la sensazione gustativa prevalente è stata la componente dolce, bilanciata in parte dall'acidità. L'odore di "pomodorino", chiaro e riconoscibile al naso, è stato possibile riscontrarlo al gusto come sensazione aromatica sebbene lieve. La composta con i petali invece è risultata profumata e ben aromatizzata, con un aroma ben riconoscibile di "Rosa".

6.4 Sciroppi

Gli sciroppi sono stati preparati con la tecnica del sottovuoto, per estrarre quante più sostanze dalla materia prima. Per ciò che riguarda gli sciroppi preparati con i soli cinorrodi, il giudizio generale non è apparso incoraggiante. Infatti, in questa tipologia di prodotto non è venuto fuori un aroma caratteristico e riconoscibile. Con l'aggiunta di petali i prodotti sono risultati aromatici, con sentori di "rosa" gradevoli e identificabili all'assaggio diretto e comunque non riscontrabili nelle preparazioni di pasticcini dove sono stati utilizzati nell'impasto.

6.5 Liquori con petali

Sono stati ottenuti anche dei liquori a base di fiori di Rosa rugosa, utilizzando petali sia freschi che essiccati all'aria di due varietà con corolla di colore diverso: bianca e fucsia.

Le differenti tipologie di petali sono state immerse in alcool etilico commerciale (concentrazione iniziale 90%) diluito al 70% e ivi lasciate a macerare per 14 giorni, al buio e a temperatura ambiente (Figura 6.3).

Le quattro tipologie di liquori (bianco fresco, bianco essiccato, fucsia fresco, fucsia essiccato) così ottenute sono risultate tutte piacevoli al gusto, anche se l'aroma di petali era più predominante e intenso quando questi ultimi venivano utilizzati allo stato secco.

Le bevande alcoliche ottenute con petali bianchi avevano un colore ambrato, mentre quelle preparate con petali fucsia erano di colore rosato.

In tutti i liquori prodotti erano presenti importanti composti bioattivi di interesse nutraceutico, anche se quelli ottenuti con petali essiccati (ed in particolare di colore fucsia) risultavano più ricchi in polifenoli e flavonoidi ed erano caratterizzati da una più elevata attività antiossidante, quindi con una minore presenza di radicali liberi (Fascella et al. 2022).

I liquori prodotti con petali fucsia, soprattutto se essiccati, erano molto ricchi in pigmenti antocianici che conferivano il tipico colore rosato.

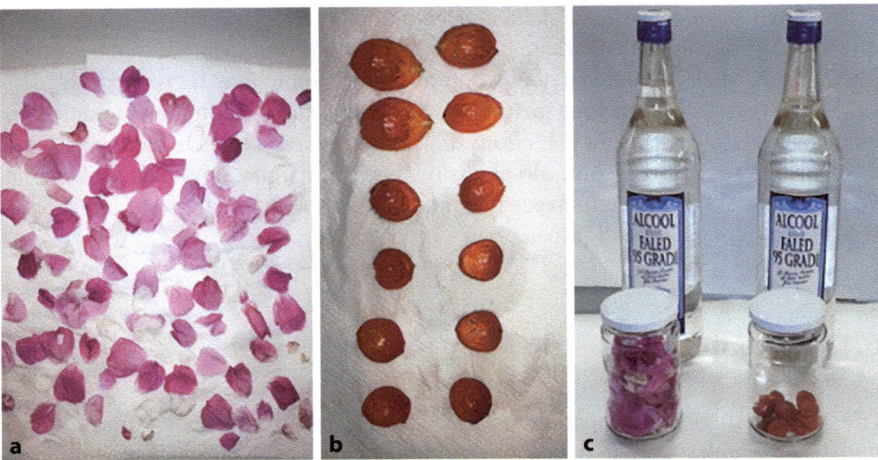

Figura 6.3 Preparazione di liquori con petali (**a**) e cinorrodi (**b**)

6.6 Biscotti e pasticcini con marmellata o farina di cinorrodi

Con l'impasto base di pasta frolla sono stati realizzati dei biscotti con ripieno di conserva di cinorrodi non aromatizzata. Il biscotto è risultato gradevole, dal sapore dolce con lievi sentori di frutta. La consistenza della conserva leggermente caramellata, dovuta alla cottura.

Il prodotto che ha suscitato più interesse è stato sicuramente il pasticcino alla mandorla classico a cui però è stata aggiunta nella percentuale del 20% l'estratto di polpa di cinorrodi. Questo ha permesso di ottenere un prodotto caratterizzato da una colorazione rosa-arancio, anche se in parte si è attenuata con la cottura, giudicata "attraente" (Fig. 6.4). Il sapore è risultato caratterizzato da una nota acidula che ben contrasta il tipico sapore dolce; l'aroma, invece, è stato identificato e definito di "frutto di Rosa" (da non confondere con l'aroma dei "petali di Rosa").

Infine, polvere essiccata ottenuta dalla polpa, è stata aggiunta a delle praline di cioccolato bianco e frutta secca (Fig. 6.4). Nell'abbinamento, è stato possibile rilevare il sapore acidulo della Rosa solo con una buona presenza sul cioccolatino; viceversa prevaleva il dolce del cioccolato. La polvere essiccata assaggiata in purezza è stata giudicata molto acida, e per questo interessante da valutare in nuove ricette e abbinamenti.

I saggi di utilizzo di cinorrodi e petali di rosa per la preparazione di prodotti agroalimentari hanno dato risultati alquanto interessanti. Fermo restando che tali produzioni possono essere anche avviate utilizzando le bacche e i fiori di piante spontanee reperibili nel territorio, in ottica di filiera, gli aspetti tecnologici e qualitativi devono integrarsi con gli aspetti colturali e produttivi delle rose spontanee siciliane, alcuni dei quali sono stati indagati e i cui protocolli sono stati definiti in altri capitoli del presente volume.

Figura 6.4 Praline al cioccolato preparate con farina di cinorrodi (**a**) e pasticcini con marmellata di cinorrodi (**b**)

Dalla ricerca bibliografica condotta, è anche possibile rintracciare utili informazioni sui sistemi produttivi adottati in altri Paesi (Scandinavia, Est Europa, Asia Minore), alcuni dei quali hanno raggiunto un discreto grado di meccanizzazione delle principali operazioni colturali (Uggla e Martinsson 2005); alcune delle suddette indicazioni (sistemi e densità di impianto) potrebbero essere applicate, con le opportune modifiche, anche nei nostri ambienti. Di fondamentale importanza è la scelta dei genotipi (specie e/o accessioni locali) più interessanti e promettenti da introdurre in coltura nei nostri ambienti, avviando la selezione ed il miglioramento genetico sulla base dei dati già raccolti per le specie in collezione.

6.7 Cosmesi

Le preparazioni a base di rosa a scopo cosmetico sono note fin dall'antichità. Le bucce dei cinorrodi della *Rosa canina*, una volta essiccate, hanno mostrato di contenere un'alta dose di vitamina C naturale e biodisponibile insieme a carotenoidi, flavonoidi, pectine, tannini e antociani. Gli estratti di *R. canina* titolati e standardizzati in Vitamina C garantiscono la disponibilità della vitamina e ne consentono una certa funzionalità a livello cutaneo. Il vantaggio di utilizzare un estratto di rosa rispetto alla vitamina C usata allo stato puro sta nel fatto che l'estratto risulta maggiormente biodisponibile per l'attività redox per la presenza di carotenoidi e flavonoidi, i quali migliorano e sinergizzano l'efficacia radical scavenger della vitamina C.

In cosmesi, viene utilizzato l'estratto secco dei cinorrodi titolato al 70% in vitamina C per le proprietà legate all'alto contenuto in acido ascorbico (antiaging, attività radical scavenger, aumento della quota di collagene nativo ecc.).

Il fiore di rosa contiene acido gallico, tannino gallico, glucoside flavonico, olio eterico, cera, glucosio, sostanze coloranti e sali minerali. L'effetto benefico più antico risale al 1350 con l'acqua di Rose, dall'azione rinfrescante, preparata con petali e semi, che veniva spesso utilizzata per abbassare la febbre, attenuare le infiammazioni e togliere il calore eccessivo dal corpo.

L'olio essenziale di rosa, estratto dal fiore, è facile da riconoscere per il caratteristico e delicato profumo, composto da più di 500 sostanze aromatiche diverse. L'olio essenziale è infatti un ingrediente utilizzato in cosmesi e molto prezioso (occorrono 4 kg di petali di per ottenerne un solo flaconcino). L'essenza di rosa, star della profumeria, si ottiene per distillazione a vapore dei petali di rosa o con il metodo dell'enfleurage, tecnica estrattiva che rispetta la fragilità del fiore e il suo profumo, ed è un toccasana per la pelle sensibile, secca, e facile alle rughe a causa della scarsa idratazione.

I petali freschi possono essere utilizzati o per infusione, sfruttando le loro proprietà rinfrescanti e astringenti delle sostanze tanniche presenti (da utilizzare nei tonici per le pelli delicate), oppure per estrazione delle antocianine presenti nei colori dei petali e sfruttando le loro proprietà capillaro-protettrici, rinforzanti del microcircolo e antiossidanti (azione antiox, fragilità capillare, anticollagenasica, antijaluronidasica).

Dalle rose selvatiche è possibile ottenere, per spremitura dei semi pressati a freddo, un olio ricco in acidi grassi poli-insaturi. L'olio di rose presenta alti livelli di acido linoleico (44% della composizione principale) e linolenico (33%), acido oleico (15%), insieme con significative quantità di vitamina C. Contiene anche una piccola percentuale di acido trans-retinoico, che contribuisce alle sue proprietà terapeutiche. Studi condotti in precedenza hanno evidenziato come l'olio sia capace di rigenerare i tessuti e ridurre i segni dell'invecchiamento precoce e le rughe, oltre ad attenuare le cicatrici. Queste proprietà fanno dell'olio di rosa un prodotto attivo nella rigenerazione cellulare, con ottimi risultati nel mantenimento della freschezza, nella prevenzione e nell'attenuazione delle rughe.

È stato dimostrato che l'applicazione topica di questi acidi grassi poli-insaturi contenuti nell'olio di rosa migliorano la protezione della pelle contro gli agenti esterni dannosi quali sole, smog, freddo e rallentano il processo di invecchiamento provocato dall'eccessiva evaporazione di acqua. La nostra pelle, infatti con l'avanzare dell'età tende a diventare più secca e sembra che ciò sia collegato alla perdita di quel materiale cementante di natura grassa che si trova negli spazi intercellulari delle cellule epidermiche più superficiali e la cui integrità risulta di fondamentale importanza per contrastare le perdite eccessive di acqua dagli strati cutanei più profondi. Perché si formi questa barriera naturale è indispensabile che la nostra dieta sia ricca di acidi grassi poli-insaturi. L'olio di rosa è dunque fortemente consigliato per le pelli secche, desquamate e fessurate, psoriasi, eczemi, pelle pigmentata, cicatrici; utile anche dopo scottature, traumi, vene varicose.

Riferimenti bibliografici

Anesini C, Perez C (1993) Screening of plants used in Argentine folk medicine for antimicrobial activity. J Ethnopharmacol 39(2):119–128

Choi EM, Hwang JK (2003) Investigations of anti-inflammatory and antinociceptive activities of Piper cubeba, Physalis angulate and Rosa hybrida. J Ethnopharmacol 89(1):171–175

Czyzowska A, Klewicka E, Pogorzelski E, Nowak A (2015) Polyphenols, vitamin C and antioxidant activity in wines from Rosa canina L. and Rosa rugosa Thunb. J Food Compos Analysis 39:62–68

D'Angiolillo F, Mammano M, Fascella G (2018) Pigments, polyphenols and antioxidant activity of leaf extracts from four wild Rose species grown in Sicily. Notulae Bot Horti Agrobot Cluj Napoca 46(2):402–409

Fascella G, Giardina G, Maggiore P, Giovino A, Scibetta S (2015) Distribution, habitats, characterization and propagation of Sicilian Rose species. Acta Hortic 1064:31–37

Fascella G, D'Angiolillo F, Mammano MM, Amenta M, Romeo FV, Rapisarda P, Ballistreri G (2019) Bioactive compounds and antioxidant activity of four rose hip species from spontaneous Sicilian flora. Food Chem 289:56–64

Fascella G, D'Angiolillo F, Mammano MM, Granata G, Napoli E (2022) Effect of petal color, water status, and extraction method on qualitative characteristics of Rosa rugosa liqueur. Plants 11:1859

Girard-Lagorce S, Sarramon C, Renault N (2001) The book of roses. Flammarion – Pere Castor, Paris

Guantario B, Nardo N, Fascella G, Ranaldi G, Zinno P, Finamore A, Pastore G, Mammano MM, Baiamonte I, Roselli M (2023) Comparative study of bioactive compounds and biological activities of five rose hip species grown in Sicily. Plants 13(1):53

Olsson ME, Gustavsson KE, Andersson S, Nilsson A, Duan RD (2004) Inhibition off cancer cell proliferation in vitro by fruit and berry extracts and correlation with antioxidant levels. J Agric Food Chem 52:7264–7271

Schimtzer V, Mikulic-Petkovsek M, Stampar F (2019) Traditional rose liqueur – A pink delight rich in phenolics. Food Chem 272:434–440

Uggla M, Martinsson M (2005) Cultivate wild roses – experiences from production in Sweden. Acta Hortic 690:83–89

Werlemark G (2009) Dogrose: Wild plant, Bright future. Chron Horticult 9(2):8–13

Capitolo 7
Rose: un tesoro nutraceutico

Sommario Questo capitolo, oltre a contenere una breve descrizione delle proprietà nutraceutiche delle rose, è dedicato all'esperimento, condotto dal CREA DC di Palermo, per ottenere, per la prima volta, un integratore alimentare con estratti di Rosa canina siciliana. I promettenti risultati ottenuti lasciano intravedere ottimistiche prospettive per l'inserimento delle rose siciliane, alla stregua di quelle scandinave e mediorientali, nella filiera dei fitocomplessi.

7.1 Proprietà nutraceutiche delle rose per la produzione di integratori alimentari

Con i recenti progressi nelle scienze mediche e nella nutrizione, prodotti naturali e alimenti health-promoting hanno ricevuto grande attenzione sia da parte degli operatori sanitari sia dai consumatori per la prevenzione e la cura delle malattie. Insieme a questa tendenza ha fatto il suo ingresso nel panorama mondiale una nuova disciplina, la Nutraceutica.

Nutraceutici sono i principi attivi, gli integratori alimentari ed erboristici, i preparati a base di piante officinali, gli alimenti funzionali ricchi di molecole con proprietà benefiche e protettive, ossia sostanze che si allineano appunto al limite tra l'alimento ed il farmaco. Sulla base di queste definizioni i nutraceutici sono componenti alimentari attivi che presentano attività protettiva o di prevenzione poiché interagiscono con una o più funzioni fisiologiche dell'organismo esercitando effetti benefici sulla salute sia fisica sia psicologia. Molti studi hanno, infatti, fornito evidenze sostanziali del beneficio indotto da alcuni nutraceutici in particolari aree della salute umana, a cui si possono aggiungere altri esempi di nutraceutici con attività positiva stabilita da studi clinici.

In Sicilia, la flora nativa dell'isola ospita un enorme numero di specie medicinali, la gran parte delle quali utilizzate dalle popolazioni locali sin dai tempi più remoti.

In collaborazione con Flavia Cascio, Dietista esperta in Nutraceutica, Alimentazione e Salute.

Il settore delle piante ad alto impatto nutraceutico rappresenta un potenziale ancora non del tutto utilizzato e sfruttato che potrebbe rilevarsi proficuo sia sotto l'aspetto produttivo sia nella tutela e nella valorizzazione del territorio insulare. L'utilizzo nutraceutico di specie vegetali mediterranee troverebbe un possibile impiego sinergico e salutistico nella prevenzione e nel trattamento delle malattie ad eziologia cronica-infiammatoria e costituirebbe un'importante fonte di recupero degli scarti della filiera agraria.

Sulla base di queste premesse, nasce l'ipotesi di formulazione di alcuni nutraceutici contenenti alcune specie vegetali mediterranee recuperate dalla filiera agricola e composti vitaminici e minerali con spiccate attività antiossidanti, antiinfiammatorie e immunomodulanti con indicazione preventiva, nonché terapeutica, nelle ormai sempre più diffuse malattie cronico-degenerative.

Tra le diverse specie studiate, la rosa è una pianta universalmente apprezzata per la sua bellezza e il suo profumo, ma le sue qualità vanno ben oltre l'estetica. Utilizzata da millenni nella medicina tradizionale, la rosa, con tutte le sue componenti (foglie, fiori e frutti), è ricca di composti benefici come polifenoli, flavonoidi, vitamine (specialmente la vitamina C) e oli essenziali. Questi metaboliti secondari conferiscono alla rosa proprietà antiossidanti, antinfiammatorie e antimicrobiche notevoli.

Recentemente, l'interesse scientifico si è rivolto al potenziale contenuto nei vari organi delle piante di rosa (petali, foglie e bacche) come elemento chiave per la formulazione di nutraceutici, prodotti che combinano benefici nutrizionali e terapeutici (D'Angiolillo et al. 2018; Fascella et al. 2019, 2022; Guantario et al. 2023). Un nutraceutico a base di rosa, potenziato con altre specie vegetali sinergiche, potrebbe rappresentare un significativo progresso nella promozione della salute e nella prevenzione delle malattie.

È ben noto, infatti, che la sinergia dei componenti di un nutraceutico contribuisce all'efficacia e alla sicurezza di questi prodotti. La combinazione di vari nutrienti e composti bioattivi può avere un effetto più potente rispetto a ciascun componente preso singolarmente e può garantire un approccio più completo e multifunzionale, affrontando vari meccanismi biologici contemporaneamente.

Inoltre, alcuni ingredienti possono stabilizzare altri componenti, preservando la potenza e prolungando la durata di conservazione del nutraceutico.

Combinando la rosa, in particolare i cinorrodi, con altri componenti ad elevata azione antiossidante, di cui saranno descritte le principali attività biochimiche, è possibile creare un prodotto che supporta la salute in modo naturale e rinforza le difese del corpo contro vari fattori di stress.

Ingredienti per dose giornaliera (3 g): Rosa canina (*Rosa canina* L.), estratto secco di cinorrodo titolato $\geq$ 70% acido ascorbico; Coenzima Q10; Superossido dismutasi; Zinco; Vitamina D; Selenio; Vitamina B6; Vitamina B2, Vitamina B12 (Tabella 7.1).

Altri ingredienti: Maltodestrine.

7.1 Proprietà nutraceutiche delle rose per la produzione di integratori alimentari

Tabella 7.1 Composizione di un integratore alimentare a base di cinorrodi di *Rosa canina*

Ingrediente con effetto nutritive o fisiologico	Dose giornaliera (bustina)	Valori nutrizionali di riferimento (%)
Rosa canina L.	2000 mg	–
Estratto secco di cinorrodi (titolato al 70% in vitamina C)	1000 mg	1250%
Coenzima Q10	200 mg	100%
Superossido dismutasi	200 mg	100%
Zinco	10 mg	100%
Vitamina D	0,02 mg	100%
Selenio	0,055 mg	100%
Vitamina B2	1,5 mg	100%
Vitamina B6	1,5 mg	100%
Vitamina B12	0,4 mg	100%

Formulazione: Bustine per uso orale, confezione da 30 bustine da 3 g ciascuna.

Descrizione: Integratore alimentare a base di estratto secco di Rosa canina, ad azione antiossidante, di sostegno e ricostituente. Integratore alimentare arricchito con vitamine e microelementi importanti per il metabolismo energetico, osseo e immunitario, e con antiossidanti utili alla protezione delle cellule dallo stress ossidativo.

Modalità d'uso: Si consiglia l'assunzione di 1 bustina al giorno, da assumere per via orale preferibilmente al mattino prima di colazione.

Avvertenze: Non superare la dose giornaliera indicata, non assumere in gravidanza, durante l'allattamento o in caso di allergia ai suoi componenti.

Conservazione: Conservare al riparo dalla luce, in luogo fresco e asciutto.

I composti bioattivi di *Rosa canina* L., la più diffusa tra le rose spontanee italiane, hanno un effetto positivo sulla salute grazie alla loro attività antiossidante (Park Park et al. 2014) e contribuiscono all'inibizione della proliferazione cellulare nelle patologie oncologiche e nella prevenzione dell'invecchiamento e delle malattie cardiovascolari (Haruenkit et al. 2007; Seifried et al. 2007).

Oltre ad essere una fonte disponibile di nutrienti, i cinorrodi sono usati anche per trattare malattie come influenza, infezioni, malattie infiammatorie, dolore cronico e ulcere (Ercisli 2007; Guimarães et al. 2013).

Studi recenti hanno dimostrato un particolare effetto dei preparati di *Rosa canina* su pazienti affetti da osteoartrite nei quali si è evidenziata una netta diminuzione dell'infiammazione con riduzione del dolore e della rigidità articolare, effetti che non si sono osservati su un gruppo di controllo (Willich et al. 2010; Christensen et al. 2008).

Gli estratti di *Rosa canina* hanno dimostrato di possedere anche attività antidiabetiche, agendo come fattori di crescita per le cellule β-pancreatiche nonché come inibitori dell'α-amilasi, meccanismo utile per stabilizzare la glicemia postprandiale.

Inoltre, in uno studio randomizzato e in doppio cieco, gli estratti di cinorrodi hanno dimostrato possedere un ruolo nella diminuzione dell'area del grasso addominale e viscerale, del peso corporeo e dell'Indice di Massa Corporea (kg/m^2) in soggetti preobesi, suggerendo così un importante ruolo preventivo nelle patologie correlate all'eccesso ponderale (Fattahi et al. 2017).

Riguardo il profilo di sicurezza, secondo quanto riportato nella monografia EMA (European Medicines Agency, 2017), con i prodotti a base di fiori di rosa non sono stati registrati effetti collaterali o dovuti a sovradosaggio ma a causa di informazioni insufficienti non dovrebbero essere usati in bambini di età inferiore ai 12 anni.

Come prova della loro efficacia, le "Linee guida ministeriali di riferimento per gli effetti fisiologici" (Ministero della Salute 2022) volti ad ottimizzare le funzioni dell'organismo nell'ambito dell'omeostasi secondo il modello definito dal Consiglio d'Europa, insieme al DM 10 agosto 2018 sulla disciplina dell'impiego negli integratori alimentari di sostanze e preparati vegetali con aggiornamento del Decreto 26 luglio 2019, autorizzano i seguenti claims per la specie vegetale: Rosa canina (fructus, falso fructus): azione di sostegno e ricostituente; regolarità del transito intestinale, antiossidante.

Riferimenti bibliografici

Christensen R, Bartels EM, Altman RD, Astrup A, Bliddal H (2008) Does the hip powder of Rosa canina (rosehip) reduce pain in osteoarthritis patients? A meta-analysis of randomized controlled trials. Osteoarthr Cartil 16(9):965–972

D'Angiolillo F, Mammano M, Fascella G (2018) Pigments, polyphenols and antioxidant activity of leaf extracts from four wild Rose species grown in Sicily. Notulae Bot Horti Agrobot Cluj Napoca 46(2):402–409

EMA (2017) https://www.ema.europa.eu/en/documents/herbal-summary/rose-flower-summary-public_en.pdf

Ercisli S (2007) Chemical composition of fruits in some rose (Rosa spp.) species. Food Chem 104(4):1379–1384

Fascella G, D'Angiolillo F, Mammano MM, Amenta M, Romeo FV, Rapisarda P, Ballistreri G (2019) Bioactive compounds and antioxidant activity of four rose hip species from spontaneous Sicilian flora. Food Chem 289:56–64

Fascella G, D'Angiolillo F, Mammano MM, Granata G, Napoli E (2022) Effect of petal color, water status, and extraction method on qualitative characteristics of Rosa rugosa liqueur. Plants 11:1859

Fattahi A, Niyazi F, Shahbazi B, Farzaei MH, Bahrami G (2017) Antidiabetic mechanisms of Rosa canina fruits: an in vitro evaluation. J Evid Based Complementary Altern Med 22(1):127–133

Guantario B, Nardo N, Fascella G, Ranaldi G, Zinno P, Finamore A, Pastore G, Mammano MM, Baiamonte I, Roselli M (2023) Comparative study of bioactive compounds and biological activities of five rose hip species grown in Sicily. Plants 13(1):53

Guimarães R, Barros L, Dueñas M, Carvalho AM, Queiroz MJRP, Santos-Buelga C, Ferreira IJFR (2013) Characterisation of phenolic compounds in wild fruits from Northeastern Portugal. Food Chem 141:3721–3730

Haruenkit R, Poovarodom S, Leontowicz H, Leontowicz M, Sajewicz M, Kowalska T, Delgado-Licon E, Rocha-Guzmán NE, Gallegos-Infante J-A, Trakhtenberg S, Gorinstein S (2007) Comparative study of health properties and nutritional value of durian, mangosteen, and snake fruit: experiments in vitro and in vivo. J Agric Food Chem 55(14):5842–5849

Ministero della Salute (2022) Rapporto Osservasalute 2022. Stato di salute e qualità dell'assistenza nelle regioni italiane. https://osservatoriosullasalute.it/wp-content/uploads/2023/06/ro-2022-volume_completo.pdf

Park S, Park SY, Kim KS, Seo GY, Kang S (2014) Rose hip alleviates pain and disease progression in rats with monoiodoacetate induced osteoarthritis. J Korean Soc Appl Biol Chem 57:143–151

Seifried HE, Anderson DE, Fisher EI, Milner JA (2007) A review of the interaction among dietary antioxidants and reactive oxygen species. J Nutr Biochem 18(9):567–579

Willich SN, Rossnagel K, Roll S, Wagner A, Mune O, Erlendson J, Kharazmi A, Sörensen H, Winther K (2010) Rose hip herbal remedy in patients with rheumatoid arthritis – a randomised controlled trial. Phytomedicine 17(2):87–93

Capitolo 8
Applicazioni dell'agricoltura di precisione nella coltivazione della *Rosa canina*

Sommario Nel capitolo finale viene riportata una delle innovazioni tecnologiche più recenti per l'agricoltura ed applicata alla coltivazione della *Rosa canina* siciliana. L'agricoltura di precisione, infatti, tramite l'utilizzo di droni, sensori ad hoc e data analysis permette di monitorare e gestire le colture e l'ambiente in cui insistono in maniera precisa e razionale.

8.1 Introduzione

L'agricoltura di precisione rappresenta un approccio innovativo e tecnologico alla gestione agricola, che si propone di ottimizzare la produzione migliorando l'efficienza delle risorse e riducendo gli impatti ambientali. Questo metodo si basa sull'uso di tecnologie avanzate, come i sistemi di informazione geografica (GIS), i droni, i sensori e l'analisi dei dati, per monitorare e gestire le coltivazioni in modo più preciso (Greco et al. 2024, 2025). Una delle piante che può beneficiare enormemente di queste tecnologie è la rosa canina (*Rosa canina* L.), un arbusto noto per i suoi frutti ricchi di vitamina C e altre sostanze nutritive, utilizzato in erboristeria e cosmetica (Fascella et al. 2019).

Alcuni aspetti fondamentali dell'agricoltura di precisione includono: l'uso di sistemi di posizionamento globale (GPS) e sistemi informativi geografici (GIS) per la mappatura dei campi e il monitoraggio della variabilità delle colture; l'impiego di sensori aerei e di superficie per raccogliere informazioni sulle condizioni del suolo e delle piante, come umidità, temperatura e stato di salute delle coltivazioni; i droni, che offrono immagini ad alta risoluzione per un'analisi approfondita; l'analisi dei big data per elaborare grandi volumi di informazioni e identificare modelli e tendenze che possono influenzare le pratiche agricole; sistemi di irrigazione intelligenti, come l'irrigazione a goccia controllata da sensori, che ottimizzano l'uso dell'acqua garantendo alle piante la giusta quantità; l'applicazione mirata di fertilizzanti e pesticidi, basata su analisi del suolo e delle piante, che riduce l'uso di prodotti chimici e il loro impatto ambientale; infine, l'adozione di robot e macchine agricole automatizzate per svolgere operazioni come semina, raccolta e potatura, aumentando l'efficienza e diminuendo il lavoro manuale (Lokhande 2021).

L'agricoltura di precisione non solo mira a migliorare la produttività agricola, ma anche a promuovere pratiche sostenibili, contribuendo a una maggiore sicurezza alimentare e alla conservazione delle risorse naturali.

8.2 Monitoraggio ambientale e gestione dei suoli

Un aspetto cruciale dell'agricoltura di precisione è il monitoraggio ambientale. L'uso di sensori per la valutazione delle condizioni del suolo, come umidità, pH e nutrienti, consente agli agricoltori di applicare fertilizzanti e irrigazioni in modo mirato, riducendo gli sprechi e ottimizzando la salute delle piante. Ad esempio, l'uso di sensori di umidità del suolo può aiutare a determinare il momento ottimale per l'irrigazione della rosa canina, garantendo che le piante ricevano la giusta quantità d'acqua senza eccessi che potrebbero danneggiarle.

8.3 Utilizzo di droni e immagini satellitari

I droni e le immagini satellitari rappresentano un altro strumento fondamentale nell'agricoltura di precisione. Queste tecnologie consentono di raccogliere dati dettagliati sulla salute delle piante e sulla variazione delle coltivazioni. Applicando tecniche di imaging multispettrale, è possibile identificare aree di stress vegetativo nella coltivazione della rosa canina, permettendo interventi tempestivi per ottimizzare la crescita e migliorare la qualità dei frutti (Mulla 2013).

8.4 Gestione integrata delle malattie e dei parassiti

La rosa canina può essere soggetta a diverse malattie e attacchi di parassiti. L'agricoltura di precisione offre soluzioni per la gestione integrata di questi problemi. Utilizzando sensori e tecnologie di analisi dei dati, gli agricoltori possono monitorare la presenza di patogeni e parassiti in tempo reale, attivando misure di controllo specifiche solo quando necessario. Ciò riduce l'uso di pesticidi e aumenta la sostenibilità della coltivazione.

8.5 Ottimizzazione della raccolta

Un'altra applicazione dell'agricoltura di precisione nella coltivazione della rosa canina è l'ottimizzazione della raccolta. Attraverso l'uso di tecnologie di monitoraggio e analisi dei dati, gli agricoltori possono determinare il momento migliore per la raccolta dei frutti, garantendo che siano raccolti al giusto grado di maturazione. Ciò non solo migliora la qualità del prodotto finale, ma contribuisce anche a massimizzare i rendimenti.

8.6 Conclusione

L'agricoltura di precisione offre numerose opportunità per migliorare la coltivazione della rosa canina. Attraverso l'uso di tecnologie avanzate per il monitoraggio del suolo, la gestione delle risorse idriche, la lotta contro malattie e parassiti, e l'ottimizzazione della raccolta, è possibile ottenere una produzione più sostenibile e redditizia. Con il continuo sviluppo delle tecnologie e l'aumento della consapevolezza della sostenibilità ambientale, l'agricoltura di precisione rappresenta il futuro della coltivazione della rosa canina e di molte altre piante (Soussi et al. 2024).

Riferimenti bibliografici

Fascella G, D'Angiolillo F, Mammano MM, Amenta M, Romeo FV, Rapisarda P, Ballistreri G (2019) Bioactive compounds and antioxidant activity of four rose hip species from spontaneous Sicilian flora. Food Chem 289:56–64

Greco C, Catania P, Orlando S, Vallone M, Mammano MM (2024) Assessment of vegetation indices as tool to decision support system for aromatic crops. In: Berruto R, Biocca M, Cavallo E, Cecchini M, Failla S, Romano E (eds) Safety, health and welfare in agriculture and agro-food systems SHWA 2023. Lecture Notes in Civil Engineering, vol 521. Springer, Cham

Greco C, Catania P, Orlando S, Calderone G, Mammano MM (2025) Rosemary biomass estimation from UAV multispectral camera. In: Sartori L, Tarolli P, Guerrini L, Zuecco G, Pezzuolo A (eds) Biosystems engineering promoting resilience to climate change – AIIA 2024 – mid term. Lecture Notes in Civil Engineering, vol 586. Springer, Cham

Lokhande SA (2021) Effective use of big data in precision agriculture. In: 2021 International Conference on Emerging Smart Computing and Informatics (ESCI). IEEE, pp 312–316

Mulla DJ (2013) Twenty-five years of remote sensing in precision agriculture: a retrospective. Precis Agric 14(2):155–166

Soussi A, Zero E, Sacile R, Trinchero D, Fossa M (2024) Smart sensors and smart data for precision agriculture: a review. Sensors 24(8):2647. https://doi.org/10.3390/s24082647

If you have any concerns about our products,
you can contact us on
ProductSafety@springernature.com

In case Publisher is established outside the EU,
the EU authorized representative is:
**Springer Nature Customer Service Center GmbH
Europaplatz 3, 69115 Heidelberg, Germany**

Printed by Libri Plureos GmbH
in Hamburg, Germany